型钢混凝土边框柱
密肋复合墙体结构

何明胜　王玉山　著

WUHAN UNIVERSITY PRESS

武汉大学出版社

图书在版编目(CIP)数据

型钢混凝土边框柱密肋复合墙体结构/何明胜,王玉山著.—武汉:武汉大学出版社,2017.12

ISBN 978-7-307-19750-3

Ⅰ.型… Ⅱ.①何… ②王… Ⅲ.型钢混凝土—混凝土框架—墙体结构 Ⅳ.TU375.4

中国版本图书馆 CIP 数据核字(2017)第 247923 号

责任编辑:方竞男 路亚妮 责任校对:杨赛君 装帧设计:吴 极

出版发行:**武汉大学出版社** (430072 武昌 珞珈山)
 (电子邮件:whu_publish@163.com 网址:www.stmpress.cn)
印刷:虎彩印艺股份有限公司
开本:720×1000 1/16 印张:10.75 字数:208 千字
版次:2017 年 12 月第 1 版 2017 年 12 月第 1 次印刷
ISBN 978-7-307-19750-3 定价:60.00 元

前　　言

密肋复合墙体结构体系是一种轻质、生态、节能并具有良好抗震性能的建筑结构新体系。它主要由复合墙板与隐形框架构成。作为主要承力构件的复合墙板，可根据竖向及水平力的不同进行框格优化配比设计，隐形框架在中高层建筑中依据受力计算确定截面及配筋，在多层建筑中按构造设计；楼板在中高层建筑中均采用现浇钢筋混凝土，在多层建筑中可根据抗震设防烈度不同选用现浇钢筋混凝土或密肋复合楼板。

型钢混凝土边框柱密肋复合墙体结构是以密肋复合墙结构为基础而派生的一新型结构形式，是对密肋复合墙结构研究的延续与深入。通过密肋复合墙体与隐形型钢混凝土框架结合，在保持原有密肋复合墙结构诸多优点的基础上，发挥型钢混凝土隐形边框柱承载力高、抗震性能好的特点，改善密肋复合墙结构的受力性能，这对于该结构在中高层的应用将发挥重要的作用。

密肋复合墙体结构在我国大力推广的装配式结构体系中具有一定的优越性，国内开展了大量的研究工作。这些研究大量集中于结构的单调受力性能和低周反复加载试验，对于结构承载力研究，大部分是基于结构试验现象，通过统计方法提出相应承载力计算方法。由于密肋复合墙体结构由外部边框、内部肋梁、肋柱以及填充到其中的砌块共同受力，因此受力特性非常复杂。型钢混凝土边框柱密肋复合墙体结构在边框柱中增加了型钢，增加了该结构形式受力特性的复杂性。这就需要对该结构形式的承载力计算提出合理的理论计算模型，能够计算每一个组件，从而在理论上彻底解决该结构形式承载力计算的问题。

为了解决上述问题，著者开展了大量的研究工作，着重解决该结构承载力计算的理论问题，提出墙体在竖向荷载作用下的弹性地基梁力学模型及在水平荷载作用下的夹层复合结构力学模型，根据变形协调原理，建立结构平衡微分方程，进而求解结构的内力表达式，定量给出边框柱与复合墙板承担竖向荷载及水平荷载的比例关系，且在这些理论基础上提出了精确且实用的承载力计算方法。

本书共分 7 章：第 1 章介绍密肋复合墙体结构的优越性、研究现状、工程应用以及存在的问题；第 2 章介绍型钢混凝土边框柱密肋复合墙体结构受力机理；第 3

章介绍型钢混凝土边框柱密肋复合墙体结构在竖向荷载及水平荷载作用下的协同工作分析;第 4 章介绍型钢混凝土边框柱密肋复合墙体结构的有限元分析方法;第 5 章介绍型钢混凝土边框柱密肋复合墙体结构承载力计算方法;第 6 章介绍型钢混凝土边框柱密肋复合墙体结构抗震计算方法;第 7 章介绍型钢混凝土边框柱密肋复合墙体结构设计及施工基本要求。

　　由于作者水平和知识范围有限,书中不当和错误之处在所难免,敬请读者批评、指正。

何明胜

2017 年 6 月

目　　录

1 绪 论

1.1 密肋复合墙体结构的特点

密肋复合墙体结构体系是以姚谦峰教授为首的课题组研究开发的一种轻质、生态、节能及具有良好抗震性能的建筑结构新体系。密肋复合墙构造示意图如图 1-1 所示。它主要是由复合墙板与隐形框架构成。作为主要承力构件的复合墙板可根据竖向力及水平力的不同进行框格优化配比设计,隐形框架在中高层建筑中依据受力计算确定截面及配筋,在多层建筑中按构造设计,楼板在中高层建筑中均采用现浇,在多层建筑中可根据抗震设防烈度不同选用现浇钢筋混凝土或密肋复合楼板。

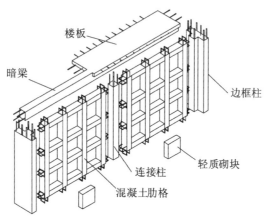

图 1-1 密肋复合墙构造示意图

此种结构体系的优点在于:①取代传统黏土砖,提高住宅建筑节能标准;②结构具有多道抗震防线,可分阶段释放地震能量;③采用生态墙体,因地制宜,节能环保;④墙板可工厂化生产,也可现场制作,造价低。

1.1.1 密肋复合墙体结构特性

(1)结构自重轻。该结构比砖混结构自重轻近 35%,比空心砖填充墙框架自重轻 30%,比剪力墙结构自重轻 33%,从而减小地震作用,材料用量和地基处理费用降低。

(2)抗震性能好。该结构体系属于中等刚性结构,其受力介于框架和剪力墙结构之间。与框架结构相比,该结构变形能力稍低,承载能力有较大提高;与剪力墙结构相比,该结构承载能力稍低,变形能力有显著改善;与砖混结构相比,该结构承载能力提高 1.6～1.8 倍,极限变形为砖混结构 2 倍以上。

(3)施工速度快。复合板制作简单,既可工厂化生产,也可现场制作,大大减少了传统结构高空作业的工作量,加快了施工速度,缩短工期 1/4～1/3。

(4)节能效果佳。新型复合外墙板 225mm 厚,其总热阻大于 615mm 厚黏土实心砖墙,接近于 490mm 厚空心砖墙,可达到现阶段国家节能建筑标准(节能 50％),采用整体式外保温技术后,已实现 2010 年国家规划的建筑节能 65％ 的标准。

(5)结构适应性强。该结构适用于多层、中高层住宅,也可和其他结构体系组合使用,且平面布置灵活,刚度可按需调整。

(6)社会及环境效益明显。据统计,每建 1 万平方米的建筑,可避免挖土毁田 1.2 亩,消耗工业废渣 2000～3000m³,既保护了环境,又维持了生态平衡。

(7)经济效益显著。工程实践证明,该结构土建造价比砖混结构低 4％～6％,比框架结构低 10％～12％,比剪力墙结构低 15％以上,同时因墙体厚度减小,故可增加营房实际使用面积 6％～8％。

密肋复合墙体结构与其他功能相同的结构体系比较见表 1-1。

表 1-1   **密肋复合墙体结构与其他功能相同的结构体系比较**

结构形式	本结构	砖混结构	框架结构	剪力墙结构
主要墙体材料	轻质、高性能混凝土材料	黏土砖	黏土砖或加气混凝土	混凝土
施工工艺	工厂预制与装配整浇	手工砌筑	现场浇筑	现场浇筑
结构自重比	1.00	1.53	1.33	1.43
抗震性能	刚柔并济	脆	柔	刚
施工工期比	1.00	1.50	1.33	1.33
相同热阻时墙厚/mm	225	空心砖墙:490 实心砖墙:610	—	—
土建单方造价比	1.00	1.05	1.11	1.17
钢材用量比	1.00	1.00	1.66	2.00

1.1.2 密肋复合墙体结构的受力性能

密肋复合墙板是以截面及配筋较小的钢筋混凝土为肋格,内嵌以炉渣、粉煤灰等工业废料为主要原料的加气硅酸盐砌块(或其他具有一定强度的轻质骨料)预制而成。在密肋复合墙体结构体系中,密肋复合墙板不仅起围护、分隔空间和保温作用,还与隐形框架一起承担结构的竖向及水平荷载。一方面,墙板中砌块与肋格共同工作,砌块受到肋格的约束,密肋又受到块体的反约束,两者相互作用,共同受力,充分发挥各自性能;另一方面,墙板与隐形框架整浇为一体,形成具有共同工作性能的增强密肋复合墙体。

墙体中砌块由于受到框格(包括肋格和外框)的约束,其裂缝被限制在一定范围之内,在反复荷载作用下,某一方向荷载产生的裂缝在反方向加载时将趋于闭合,并能继续有效地承受荷载。这首先使得砌块有效参与试件的抗侧力体系成为可能,不仅墙体承载能力不会明显降低,还可以提高墙体的抗侧刚度;其次,众多砌块在约束条件下的开裂与非弹性变形,类似一耗能装置,从而有效地提高了结构的变形能力和延性。

密肋复合墙体结构独特的构造特点使其承力体系的三部分构件(砌块、肋格及外框)能够在小震、中震及大震作用下依次发挥主要作用,分阶段释放地震能量,具有多道抗震防线,是一种基于结构地震反应控制技术的新型耗能结构体系。①在多遇地震作用时,密肋复合墙体中填充砌块由于受到框格的约束,可能没有裂缝或裂缝被限制在一定范围之内,在反复荷载作用下,荷载产生的微小裂缝在反方向加载时将趋于闭合,并能继续有效地承受荷载,其力学模型可以看作等效弹性板,故结构无明显破坏。②在中等强度地震作用时,墙体内填充砌块由于强度较低,普遍开裂,砌块的刚度和承载能力下降较快,而由框格和开裂砌块构成的刚架斜压杆受力体系此时成为抵抗地震作用的主要构件。主体结构无明显破坏,破坏主要集中在填充块体,震后容易修复。③在强烈地震作用时,众多砌块在约束条件下破坏严重,甚至剥落,使得墙体类似一耗能装置,一方面,可以积极耗散地震能量;另一方面,使结构从一种稳定体系过渡到另一种新的稳定体系,实现周期调整以避开地震所引起的共振效应,可保证结构最低限度的安全。试验研究表明,在强烈地震持续作用下,砌块严重破坏、剥落,墙板最终退化成仅由肋格和外框组成的梁铰框架模型,此时的墙体作为密肋复合墙体结构体系的主要抗侧力构件已经达到极限状态,但仍可以承担全部的竖向荷载,具有良好的抗倒塌能力。

1.2 密肋复合墙体的研究现状

1.2.1 试验研究

姚谦峰、黄炜等进行 12 块墙板试验,其中有 10 块发生剪切破坏,2 块发生弯曲破坏,2 块发生弯曲破坏的试件是在总宽度不变的情况下增加了一道竖肋,把填充砌块板的尺寸缩小了。因此,从这些试验可以看出,砌块板的尺寸是影响密肋复合板破坏形式的一个因素。通过对边框、肋梁和肋柱上钢筋应变分析发现,边框主要承受弯曲荷载,边肋柱开始为拉压型,最后过渡为受拉型,中肋柱钢筋屈服晚于肋梁钢筋,当大部分肋梁钢筋屈服时,墙体达到屈服荷载,在大位移循环时,肋梁全部屈服,有的甚至被拉断。从试验中还发现,砌块的大量开裂,以及肋梁、肋柱的开裂未能引起承载力的降低,而大量肋梁钢筋退出工作引起承载力降低,并使得墙体的抗剪承载力下降。通过试验得出以下结论:肋梁主要承担水平剪力,并对砌块形成约束,限制框格内砌块裂缝的延伸和发展;边肋柱在弹性阶段分担部分整体弯矩,在弹塑性阶段分担部分水平荷载;砌块对墙体的抗侧刚度贡献最大。

文献[3]、[4]进行了 7 块墙板的轴压试验,通过试验数据分析得出,外框柱、肋柱的竖向应变远大于中间砌块及肋梁上的主应变,外框柱、边肋柱、中肋柱的竖向应变依次递减,表明上部竖向荷载向下传递中向两端的外框集中。中肋梁上的横向应变始终为拉应变,且两端数值小,中间数值大,表明中肋柱主要受水平拉应力。试验后期,底层中砌块及中肋梁上出现竖向裂缝。

文献[5]进行了 5 块墙板的轴压试验,试验现象与上述文献不太相同,边框柱的应变小,而越往中间,肋柱应变越大。

王爱民模拟 12 层建筑的底部两层受力情况,进行了两榀两层两跨密肋复合墙体(MLQT-M1、MLQT-M2)在竖向荷载、水平荷载及弯矩共同作用下的水平单调加载试验,其中 MLQT-M2 比 MLQT-M1 边框柱截面面积增加 40%,纵向配筋增加 4%。MLQT-M1 破坏形式为受压端边框柱柱脚被压碎,受拉边框柱纵筋被拉断;MLQT-M2 破坏形式为受压侧底层边框柱翼缘混凝土被压碎。通过两者的试验现象发现,在边框柱发生破坏时,砌块及肋梁、肋柱均未发生大的破坏,肋梁和肋柱的钢筋也未达到屈服,砌块只是在施力端的右上角和未施荷的左下角被压碎。MLQT-M2 比 MLQT-M1 的极限水平荷载大 140%,并且从荷载-位移曲线上发现,两者从受荷到破坏均未有明显的拐点。通过分析可知,边框柱纵筋的配筋率对弯压破坏墙体的承载力有较大影响,当纵筋配置适当时,墙体的承载力随边框柱纵筋配筋率的增大而增大;并认为之所以没有发生墙板先于边框柱破坏,是由于出现了"强板弱柱"现象。

姚谦峰、袁泉参照结构原型为 10 层,总高 30m,按 8 度抗震设防烈度进行了 1/10 比例密肋复合墙结构模型的振动台试验。通过试验现象发现,此结构体系的薄弱部位是墙中砌块拼缝及砌块与柱的连接处。结构的变形以剪切变形为主,弯曲变形只占很少一部分。

姚谦峰、贾英杰进行了一栋 12 层 1/3 比例密肋复合墙结构的房屋模型拟动力试验。通过试验结果分析,模型结构在初始状态时,墙板的框格与填充砌块之间黏结良好,变形协调,能够保证共同工作性能;模型的侧移曲线属于弯剪型,弯曲变形占主要成分,墙板主要抵抗水平剪力,边框柱则主要抵抗整体弯矩,整个结构发生的破坏为弯曲破坏。

通过王爱民、黄炜和贾英杰试验中发生弯曲破坏和剪切破坏的试件分析出现,框格宽度与总宽度的比值越小,发生弯曲破坏的可能性越大。

俞磊对 34 个 1/2 比例密肋复合墙板单元的模型试件进行对角线斜向、水平单调、重复加载试验,研究了复合墙板中肋梁柱与内部填充砌块的相互作用。他通过试验分析提出:增加混凝土构件的截面刚度,框格单元初始刚度、抗裂承载力提高,当混凝土构件的截面刚度超过某一限值后,框格单元极限承载力不再随框格构件截面刚度的增加而增加;混凝土构件的弯矩-曲率性能对结构的延性有显著影响,混凝土框格构件弯曲性好时可提高结构延性;过度的侧向约束不会提高砌体构件的强度,框格刚度大,则变形小,不及砌体充分发挥作用已提前破坏。

1.2.2　理论研究

文献[11]通过对破坏现象和机理的研究,提出了三阶段破坏模型,提出了在不同破坏阶段采用不同破坏模型(在弹性阶段按等效弹性板模型,在弹塑性阶段按刚架斜压杆模型,在破坏阶段按梁铰框架模型),并进行了密肋复合墙体剪切破坏机理的分析,提出可将刚架斜压杆模型作为极限抗剪计算模型,并对影响密肋复合墙体斜截面抗剪能力的主要因素进行了探讨。以统一剪摩理论来确定混凝土、砌块开裂区与未开裂区的抗剪强度,依据极限平衡理论建立了密肋复合墙体的抗剪极限承载力计算公式。

现行的砌体抗剪强度计算中主要有两种理论:主拉应力破坏理论和库仑破坏理论(剪摩理论)。这两种理论各有优缺点,对于干砌(无砂浆)砌体也具有相当的抗剪强度,库仑理论可以解释,最大主拉应力理论不能解释;反过来,阶形裂缝刚出现时,墙体中某一"点"的破坏,主拉应力推导的公式可以解释,但库仑理论不行。当竖向应力比较大时,主拉应力理论未考虑材料的物理性质而低估了砌体抗剪能力,而库仑理论却因忽略开裂后抗剪强度随竖向压应力增大而降低,高估了抗剪能力。施楚贤提出的最小耗能原理建立砌体受剪破坏的强度准则克服了两者所共有的缺点,是个不错的方法,在进行密肋复合墙体的抗剪承载力计算时可以借鉴。

文献[12]、[13]以15层密肋复合墙结构住宅建筑为计算单元,通过非线性有限元分析,研究了整体弯曲对边框柱、复合墙板及边框柱与复合墙板协同工作的影响。通过计算结果指出,墙体整体弯曲产生的轴向压力随剪跨比的增加,增加幅度很大,对边框柱轴力的影响显著;剪跨比对墙板剪力影响不大。剪跨比增大,复合墙板承受的抗剪承载力随之降低,但抗弯承载力不变,墙体的破坏均为正截面弯曲破坏。墙体的抗弯承载力对墙体的极限承载力起控制作用,并指出,对于剪跨比大于1.95的复合墙体,破坏形式均为弯曲破坏。

文献[14]以整个截面符合平截面假定为依据,采用力平衡方法提出密肋复合墙板正截面压弯承载力计算公式,在计算中考虑中肋柱参与工作,但其应力按平均应力计算,不考虑墙板参与工作。文献[14]也进行了墙体正截面压弯承载力实用计算公式的推导,但其不考虑中间肋柱的作用而考虑了填充墙体参与工作。在推导过程中,假定整个墙板两边为边框柱,中间为均质墙体,采用了进行一般混凝土剪力墙压弯构件承载力计算的思路,并提出了中和轴在不同情况下的计算方法。

田英侠对密肋复合墙体中肋梁柱进行离散化处理,将密肋复合墙体假定为复合材料,以复合材料力学方法推导了密肋复合墙体刚度计算公式。

1.3 计算方法

1.3.1 密肋复合墙体弹性抗侧刚度的研究

由于密肋复合墙体中的两种材料——混凝土与砌块,其弹性常数相差较大,故不能直接按均质墙体计算其弹性抗侧刚度。目前,较为合理的计算方法有两种:前期提出的面积等效法和本书提出的复合材料法。两种方法的共同点是先将密肋复合墙体等效为均质材料,并采用均质墙体的抗侧刚度公式进行弹性刚度计算;其不同点是等效的原理与方法不同。

1.面积等效法

所谓面积等效法,就是保持墙体的宽度不变,按弹性抗弯刚度相等的原则将包含有混凝土和砌块两种材料的密肋复合墙体等效为均匀砌块墙体,一般分为一次面积等效法和二次面积等效法。

本书著者最早提出的是一次面积等效法。一次面积等效法就是采用抗弯刚度相等的原则,按照混凝土与砌块弹性模量 E 的比值将肋柱和外框柱(连接柱)的截面面积等效为砌块的面积,原砌块的面积不变,等效后总面积分布均匀,并且关于墙体厚度方向的轴线对称。一次面积等效等价于抗弯刚度等效,其刚度计算公式仍采用均质墙体的计算公式,但由于等效后的墙体截面形状已不再是矩形,刚度的计算要分段进行,比较烦琐。

随后,又提出二次面积等效法。二次面积等效法就是在一次面积等效法的基础上,按照截面面积不变的原则,将一次面积等效的不规则截面再次等效为矩形,墙体截面长度 h 保持不变,b_2 为等效后砌块墙体的厚度。密肋复合墙体的弹性抗侧刚度以二次面积等效后所得砌块矩形截面墙体作为计算依据,采用均质墙体的弹性抗侧刚度公式,同时考虑墙体微裂缝及轴压的影响。墙体的弹性刚度实用计算公式如下:

$$K = \frac{0.3E_q b_2}{\left(\dfrac{H}{h}\right)^3 + 3\dfrac{H}{h}}(2\eta + 0.4) \tag{1-1}$$

式中 b_2——墙体截面等效厚度,$b_2 = \dfrac{A_e}{h}$;

$\quad\quad H$——墙体高度;

$\quad\quad h$——墙体截面长度;

$\quad\quad A_e$——截面等效面积,$A_e = \dfrac{E_c}{E_q}A_c + A_q$;

$\quad\quad A_c$——验算截面肋柱、框架柱混凝土面积之和;

$\quad\quad A_q$——验算截面砌块面积之和;

$\quad\quad E_c$——混凝土的弹性模量;

$\quad\quad E_q$——砌块的弹性模量;

$\quad\quad \eta$——轴压比($0.3 \leqslant \eta \leqslant 0.6$),$\eta = \dfrac{N}{f_c A_c}$,当 $\eta < 0.3$ 时,取 $\eta = 0.3$,当 $\eta > 0.6$ 时,取 $\eta = 0.6$;

$\quad\quad f_c$——混凝土抗压强度设计值。

上述两种面积等效法均忽略墙体肋梁作用,并采用了抗弯等效原理。由墙体的受力特点可以看出,墙体内肋梁不仅能有效地提高框格自身的抗侧刚度,还能加强框格与砌块的共同工作能力,因而在计算中不应忽略肋梁的作用;同时试验证明,对于高宽比较小的墙体,其变形主要以剪切变形为主,因而采用抗弯等效有不妥之处。一次面积等效法严格遵从抗弯等效原理,但等效后的墙体截面形状比较复杂,剪应力分布不均匀系数难以确定,刚度的计算要分段进行,不适用于工程设计计算。二次面积等效法的计算过程相对简单,但从严格的理论推导可以看出,二次面积等效后所得砌块矩形截面墙体的抗弯刚度并不等于密肋复合墙体的抗弯刚度,只是简化地按面积等效,缺乏理论依据,因而其误差相对较大,有待于进一步研究。

2. 复合材料等效法

针对面积等效法存在的诸多问题,本书提出复合材料等效法,将密肋复合墙体等效为正交各向异性的复合材料等效弹性板,其抗侧刚度采用均质墙体的公式,只是公式中的 E、G 应分别采用复合材料模型的计算结果。

1.3.2 密肋复合墙体斜截面承载力公式的研究

钢筋混凝土剪力墙的斜截面破坏机理和计算理论主要有拉杆拱模型、平面比拟桁架模型、变铰桁架模型、拱-梳状齿模型、极限平衡理论等。各种理论的计算结果不尽相同,某些计算模型过于复杂,还无法在实际设计中应用。鉴于剪切破坏问题的复杂性,至今仍未能提出在不同情况下均能够符合实际又方便实用的计算理论。姚谦峰教授课题组前期给出了两组不同的密肋复合墙体斜截面承载力计算公式,其实质都是在大量试验的基础上,依据极限平衡理论,采用理论与经验相结合的方法建立起来的。

在第一批密肋复合墙体模型试件的基础上,提出的公式为:

$$V_{gk} = \eta_1 \sum V_g + \sum V_k + \eta_2 \sum V_j \tag{1-2}$$

式中 V_{gk}——墙体的剪切承载力;

V_g——单块非约束砌块剪切承载力;

V_k——框架柱剪切承载力;

V_j——外加混凝土板剪切承载力;

η_1——约束砌块剪力提高系数,$\eta_1 = 1 + 0.4(n-1)$,n 为墙体中砌块块数;

η_2——水平及竖向荷载偏心系数,由试验取 0.8。

$$V_g = \frac{1}{10\xi} \cdot f_0 \cdot A \tag{1-3}$$

式中 ξ——砌块应力不均匀系数;

f_0——砌块棱柱体抗压强度。

在第二批密肋复合墙体模型试件的基础上,提出的公式如下。

偏心受压密肋复合墙体无地震作用组合时:

$$V = \frac{1}{\lambda - 0.5}(0.4f_t A_c + 0.25f_{qt} A_q + 0.1N) + f_y A_s \tag{1-4}$$

式中 λ——计算截面处墙体的广义剪跨比,$\lambda = M/(Vh)$($1.5 \leqslant \lambda \leqslant 2.5$)。$\lambda < 1.5$ 时,取 $\lambda = 1.5$;$\lambda > 2.5$ 时,取 $\lambda = 2.5$。

f_t——墙板内混凝土的抗拉强度设计值。

A_c——墙板内肋柱、中间连接柱及不考虑翼缘的边框柱的截面面积之和。

f_{qt}——墙板内砌块的抗拉强度设计值。

A_q——墙板内砌块截面面积之和。

f_y——剪切截面内肋梁纵筋的设计强度(取值不大于 300N/mm^2)。

A_s——剪切截面内肋梁纵筋的截面面积之和。

N——墙体的轴向压力设计值,当 $N>0.2f_cA_c$ 时,取 $N=0.2f_cA_c$。

偏心受拉密肋复合墙体无地震作用组合时:

$$V = \frac{1}{\lambda - 0.5}(0.4f_tA_c + 0.25f_{qt}A_q - 0.13N) + f_yA_s \qquad (1-5)$$

在第三批密肋复合墙体模型试件的基础上,结合前两组密肋复合墙体斜截面承载力研究成果,提炼出墙体抗剪承载力的主要影响因素(主要包括混凝土截面面积和强度、砌块截面面积和强度、肋梁纵筋、肋柱纵筋、剪跨比、轴力、框格划分等),取出名义破坏斜截面所分割的上半部分墙体作为研究脱离体,采用极限平衡法,建立了新的密肋复合墙体的斜截面抗剪极限承载力计算公式。

1.4 密肋复合墙板的工厂化生产

随着复合墙体结构体系的全面推广,新型复合墙板的生产必须走向工厂化、专业化的道路。现场制作墙板,虽然投资小、见效快,但墙板生产能力及自身质量都存在一些不足之处。为了适应国家住宅产业化发展的战略要求,西安建筑科技大学(以下简称西安建大)建筑工程新技术研究所与西安建大建筑工程总承包公司合作,在西安市东郊田家湾已建成集产学研于一体的"西建大新结构科研生产基地"。该基地总占地面积 1 万平方米,配备有现代化墙板生产线一套、30m 跨度露天桁吊一台。年生产新型复合墙板 15 万平方米,可满足 20 万平方米住宅小区使用需求。

新型复合墙板工厂生产的过程见图 1-2～图 1-9。

图 1-2 墙板生产基地

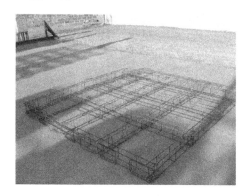

图 1-3 钢筋加工

图 1-4 支模

图 1-5 蒸养池

图 1-6 吊入蒸养池

图 1-7 蒸养池温度控制

图 1-8 制作完成的复合墙板

图 1-9 复合墙板的吊装

1.5 密肋复合墙体中引入型钢混凝土边框柱的意义

密肋复合墙板在水平荷载作用下,与隐形框架共同工作,其一方面受到框架的约束,另一方面隐形框架又受到墙板的反约束,两者相互作用,共同受力,充分发挥各自性能。密肋复合墙结构中,复合墙板不仅起围护、分隔空间和保温作用,还可作为承力构件使用,从而可有效减小框架截面尺寸及配筋量,降低结构经济指标。

密肋复合墙结构理想的破坏模式按砌块→肋梁、肋柱→边框柱的顺序进行,这样的破坏模式使得结构在地震作用下,轻质砌块首先产生大的变形或裂缝导致结构的阻尼增加而使得地震能量得以耗散,接着砌块破坏加剧并退出工作,结构的刚度和周期将发生变化,到此结构便以砌块的破坏作为牺牲,使整个结构完成了从原稳定体系到另一种新的稳定体系的过渡,控制了地震能量的输入量。当砌块破坏至大量剥落形成密肋框架后,其变形能力进一步加强。在整个体系的耗能组成中,边框柱的屈服弯曲耗能与墙板的剪切耗能都是其重要组成部分。由于边框柱的提前屈服不利于结构体系剪切耗能的实现,因而,密肋复合墙结构的设计原则仍是控制墙板破坏稍先于边框柱破坏,一方面充分耗散地震能量,另一方面保证边框柱整体的骨架作用,有效避免结构的整体倒塌;当边框柱屈服后,整个体系进入综合耗能阶段。

根据贾英杰所做的 10 层 1/3 比例模型拟动力试验和王爱民所做的模拟 12 层密肋复合墙结构底部两层 1/2 比例模型的单调加载试验结果得出,密肋复合墙体应用在中高层建筑中时,由于整个结构受到较大的整体弯矩作用,两端边框柱承受了弯矩引起的大部分轴力,如果设计不当,将在框架柱脚处发生受拉或受压破坏,即墙板的弯曲破坏先于剪切破坏发生。而这种破坏将直接导致结构整体失效,从而无法充分发挥密肋复合墙板的承载、变形及耗能作用。因此保证边框柱的结构延性和承载力对于整个密肋复合墙结构相当重要,而在中高层密肋复合墙结构中,对边框柱的设计要求更高,但加大边框柱的截面尺寸和配筋,不但增加了结构造价而且还影响使用,这与设计密肋复合墙结构的初衷相违背。

与混凝土柱相比,型钢混凝土柱具有承载力高、延性好、刚度大的特点,因此在高层建筑中被广泛应用。若是把密肋复合墙结构的边框柱改用型钢混凝土柱,边框梁仍旧采用混凝土梁,则在造价增加不多的情况下将大大改善密肋复合墙结构的受力性能,并且型钢混凝土柱非常适合密肋复合墙体的施工工艺。因此,其对于密肋复合墙结构在中高层建筑的应用将产生重要的作用。

由于型钢混凝土柱的受力性能与钢筋混凝土有很大的差异性,因此采用型钢混凝土柱作为边框柱的密肋复合墙结构在受力性能上和一般密肋复合墙结构也会有一定的差异,因此对这种结构体系的承载力、延性、耗能以及在中高层建筑上抗震性能的研究非常必要。

因此,著者提出的型钢混凝土边框柱密肋复合墙体结构,对于密肋复合墙结构体系向更高、更广的应用方向发展具有重要的理论价值和实用意义。

1.6 型钢边框柱密肋复合墙体与普通密肋 复合墙体结构的异同

型钢边框柱密肋复合墙体与普通密肋复合墙体相比,破坏形态大致相同,都经历三个阶段,即弹性阶段、弹塑性阶段、破坏阶段,并且二者的捏拢现象都比较严重;型钢混凝土边框柱密肋复合墙体比普通密肋复合墙体的裂缝分布更加均匀,这样可以发挥砌块在开裂闭合过程中的耗能能力,因此也使得其滞回曲线更加饱满,这是型钢边框柱复合墙体能显著提高墙体抗震耗能能力的主要原因;并且其各阶段承载力均有明显提高,其中极限承载力提高了 26%,并且延性也明显提高,提高了 34%,说明在边框柱中加入型钢后,该结构体系的承载力及抗震性能得到明显提高。

型钢混凝土边框柱密肋复合墙体随着高宽比的增大,其耗能能力增强,但抗剪承载力有较明显降低,GML-2 的极限荷载比 GML-3 提高 22%,而延性则相反,GML-3 比 GML-2 的延性提高了约 22%。

分析型钢混凝土边框柱密肋复合墙体在水平荷载作用下受力机理可得出:整个边框柱如同一个悬臂杆,弯矩图上无反弯点,随着高宽比的增加,截面弯应力图逐步趋近于整体弯应力形式;沿整个边框柱高度的弯应力由两部分组成,其中一部分是作为整体悬臂构件产生的弯曲正应力,另一部分是作为独立构件产生的局部弯曲正应力;在开裂荷载以前,整片墙体以弯曲变形为主,随着水平荷载加大,整片墙体下部表现为弯曲变形,上部表现为较明显的剪切变形。边框柱与复合墙板协同工作性能类似于框架剪力墙结构,随着边框柱弯曲刚度与复合墙板剪切刚度比的变化,墙体的变形会随之变化,因此 GML-2 与 GML-3 的破坏均集中在中部,表明型钢混凝土边框柱密肋复合墙体中的边框柱与复合墙板有较强的协同工作性能;墙体中边框柱与肋柱在水平荷载作用下,其正应变分布在加载初期基本为直线,其应变基本符合平截面假定。

分析型钢混凝土边框柱密肋复合墙体在竖向荷载作用下受力机理可得出:型钢混凝土柱密肋复合墙体在轴压下的受力特性类似于弹性地基梁,框梁对于轴力作用下各组件(框柱、肋柱、填充砌块)力的分配具有较大作用;随着层数的增加,整个墙体各组件竖向应变趋于一致,则轴向刚度越大的组件分配的竖向荷载越多,因此,对于多层型钢混凝土边框柱密肋复合墙体,底层墙体按轴向刚度进行竖向力分配比较合理。

1.7　型钢边框柱密肋复合墙体结构力学特性

以弹性地基梁理论为基础,提出了型钢混凝土边框柱密肋复合墙体在竖向荷载作用下的简化力学计算模型,即假定边框梁为弹性地基梁,其下的各组件(边框柱、肋柱及填充砌块)为弹性地基。根据日莫契金提出的方法,把边框柱、肋柱及填充砌块简化为 N 个弹性支座,考虑边框柱对边框梁的约束转动刚度,根据弹性支座的变形协调条件建立了相应平衡方程,并依据各弹性支座(边框柱、肋柱及填充砌块)约束弹簧不同情况,给出了相应求解条件,最后给出了各弹性支座反力表达式,即各组件(边框柱、肋柱及填充砌块)所承担的竖向荷载。与试验结果对比分析表明,该力学模型进行计算具有一定的精确度,适合作为密肋复合墙体在轴压作用下的计算模型。

通过上述力学模型,分析了在竖向荷载作用下,影响型钢混凝土边框柱密肋复合墙体组件(外框柱、内肋柱和填充砌块)竖向荷载分配关系的因素。分析结果表明,各组件分配竖向荷载比例与多种因素有关,其中边框梁抗弯刚度和肋柱间距的影响最大,边框柱刚度变化的影响最小。

通过对型钢混凝土边框柱密肋复合墙体力学分析,提出了在横向荷载作用下该复合墙体夹层复合结构计算力学模型。其原理为把复合墙板按等刚度原则代换为一种均质复合材料,视其为夹层复合结构的夹层材料,型钢混凝土边框柱视为夹层复合结构中的外壁,从而构建出一种夹层复合结构。根据夹层复合材料力学方法,考虑复合墙板(夹层)仅产生剪切变形,而边框柱(外壁)仅产生弯曲变形,根据二者变形协调关系建立结构的微分平衡关系,求解结构的位移,进而求解结构内力,最终提出了在横向荷载作用下,单跨及多跨型钢混凝土边框柱密肋复合墙体结构各组件所承担的剪力、弯矩及侧向位移表达式。

通过计算分析得出,外框柱与内复合墙板刚度及宽度比(h_c/h_w)将影响各组件分配剪力比例,外框柱与复合墙体的刚度比大,则外框承担水平剪力多,反之亦然。复合墙板上部及外框柱下部承担的剪力较多,但上、下部分相差比例不大。在横向荷载作用下,随着 λ 增大(高宽比增加),整个结构的局部弯矩减小,外框柱承载的弯矩逐步增加,结构的整体性更强,其受力特性更接近悬臂构件。

通过有限元分析得出:型钢混凝土边框柱弯矩由整体弯矩与局部弯矩叠加而成,随着结构层数(高宽比)增加,局部弯矩所占比例逐步减小,而整体弯矩所占比例逐渐增加,边框柱弯矩图突变处出现在结构层高位置(框梁处)。边框梁同样存在反弯,顶层梁更加明显,一端受压一端受拉;中间框梁整体受拉,但端部受拉应力最大,中间较小,与受压柱相连的框梁端上排钢筋受力最大,其已经达到屈服应变,并且该部位出现贯通裂缝,因此对于边框梁应通过计算确定其截面及配筋。墙体的中间肋梁及肋柱存在明显局部弯矩,肋梁表现为整体受拉,两端拉应力远大于中间部位,肋柱表现为一端受拉另一端受压,当为一层复合墙体时,肋柱受力很小,随着层数增加,肋柱钢筋应力逐渐增大。

在竖向荷载作用下,当复合墙体为剪切破坏时,由于填充砌块中剪应力及剪应变较大,整个复合墙体 y 向应变不符合平截面假定,若仅考虑边框柱及中间肋柱,基本符合平截面假定,并且随着层数增加,弯曲变形所占比例越来越大,墙体横截面上 y 向应变更加符合平截面假定;在竖向荷载作用下复合墙体各组件的变形具有明显弹性地基梁效应,并随着层数增加,各组件竖向应变逐渐趋于相等。

通过试验及有限元分析,对影响型钢混凝土边框柱密肋复合墙体轴压极限承载力的因素进行了讨论,着重对型钢混凝土边框柱的作用进行了分析。通过分析得出,当型钢混凝土边框柱密肋复合墙体各组件承担竖向荷载时,边框柱承载力利用系数(边框柱所发挥承载力与实际承载力之比)不仅和边框柱与肋柱轴向刚度比有关,还与二者之间承载力之比具有紧密联系。当边框柱与肋柱配置协调时,即边框柱与肋柱轴向刚度及承载力之和基本相等,边框柱及肋柱均能达到其相应承载力。但当边框柱与肋柱配置不协调时,边框柱承载力并不能充分发挥。随着边框柱截面高度或型钢面积的增加,边框柱(混凝土与型钢)承载力利用系数逐渐减小。

依据最小耗能原理,提出了型钢混凝土边框柱密肋复合墙体开裂荷载计算方法。根据试验及有限元分析,就影响墙体斜截面抗剪极限承载力的因素进行了讨论,重点分析了当边框柱设置为型钢混凝土柱时对抗剪承载力的影响,得出型钢混凝土边框柱中型钢与混凝土抗剪承载力利用系数不是固定值,其与边框柱截面同整个复合墙体宽度比有关。

参考文献

[1] 姚谦峰,陈平,张荫,等.密肋壁板轻框结构节能住宅体系研究[J].工业建筑,2003,33(1):1-5.

[2] 姚谦峰,黄炜,田洁,等.密肋复合墙体受力机理及抗震性能试验研究[J].建筑结构学报,2004,25(6):67-74.

[3] 姚谦峰,贾英杰.密肋复合墙体结构十二层1/3比例房屋模型抗震性能试验研究[J].土木工程学报,2004,37(6):1-5,11.

[4] 周铁钢,姚谦峰,黄炜,等.新型复合墙体在竖向荷载作用下的简化计算

模型[J].工业建筑,2005,35(8):56-59.

[5] 王爱民.中高层密肋复合墙体结构密肋复合墙体受力性能及设计方法研究[D].西安:西安建筑科技大学,2006.

[6] 姚谦峰,袁泉.小高层密肋壁板轻框结构模型振动台试验研究[J].建筑结构学报,2003,24(1):59-63.

[7] 袁泉.密肋密板轻框结构非线性地震反应分析[D].西安:西安建筑科技大学,2003.

[8] Yuan Quan, Yao Qianfeng, Jia Yingjie. Study on hysteretic model and damage model of multi-ribbed composite wall[J]. Key Engineering Materials, 2004:302-303,644-650.

[9] Jia Yingjie, Yuan Quan, Yao Qianfeng. Research on shear resistant capacity and reliability of multi-ribbed composite wall in high-rise building[J]. Key Engineering Materials, 2006:302-303,669-675.

[10] 贾英杰.中高层密肋壁板结构计算理论及设计方法研究[D].西安:西安建筑科技大学,2004.

[11] 喻磊.密肋复合墙板框格单元的受力机理及弹塑性损伤模型研究[D].西安:西安建筑科技大学,2006.

[12] 黄炜.密肋复合墙体抗震性能及设计理论研究[D].西安:西安建筑科技大学,2004.

[13] 王爱民,吴敏哲,姚谦峰.密肋复合墙板结构/有限元分析模型/比较研究[J].西安建筑科技大学学报:自然科学版,2005,37(4):478-482.

[14] 王爱民,姚谦峰,吴敏哲.中高层密肋壁板结构弯剪受力性能有限元分析[J].工业建筑,2005,35(10):20-22.

[15] 田英侠,陈平,姚谦峰,等.密肋复合墙板等效弹性常数计算方法研究[J].工业建筑,2003,33(1):10-12.

2 型钢混凝土边框柱密肋复合墙体受力机理研究

型钢混凝土边框柱密肋复合墙体结构是以密肋复合墙体外嵌型钢混凝土边框柱而形成的一种新型复合墙体结构。在外力作用下,型钢混凝土柱与密肋复合墙体共同工作,使得两种构件的承载力都能得到充分利用。与密肋复合墙结构相比,型钢混凝边框柱密肋复合墙结构具有承载力大、延性好、抗震能力强的特点。为了了解型钢混凝土边框柱密肋复合墙结构在地震作用下的受力性能,分析结构的受力机理并建立承载能力计算方法,本章进行了三榀型钢混凝土边框柱密肋复合墙体的拟静力试验。通过试验量测到的各项指标对墙体破坏形态、承载能力、延性、耗能以及变形等抗震性能做出综合评价,并以试验为基础,研究墙体在水平及竖向荷载作用下的受力机理。

2.1 试验简介

本试验的主要目的是:①通过与密肋复合墙体比较分析,研究型钢混凝土边框柱密肋复合墙体的承载能力、刚度、变形、延性、耗能等抗震性能;②研究在不同高宽比情况下,型钢混凝土边框柱密肋复合墙体的破坏形态和抗震性能;③研究轴压比变化对型钢混凝土边框柱密肋复合墙体的抗震性能的影响;④研究型钢对密肋复合墙体破坏形态的影响。

根据试验目的,本书设计了高宽比分别为 1∶1(GML-1)、2∶1(GML-2)与 3∶1(GML-3)的模型,由于受到施工及试验条件限制,GML-2 与 GML-3 模型缩尺比例取为 1/3,GML-1 模型缩尺比例取为 1/2。为了便于与前期试验进行对比分析,轴压比同 SW6(标准试验墙板)。

2.1.1 试件的设计与制作

1.试件选取

试件选取的原型结构层高 3.0m,楼板厚度为 100mm,平面图见图 2-1;试验墙板取底层结构中的一块墙板及相连的隐形框架梁柱,为图 2-1 中斜线部分。

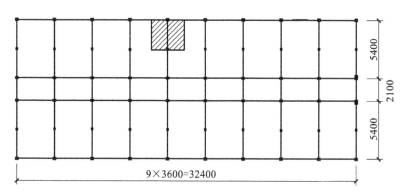

图 2-1　试验原型结构图

2.相似关系

根据相似关系：

$$s_l = \frac{l_p}{l_m}; \quad s_x = s_l; \quad s_m = \frac{1}{s_l}; \quad s_A = s_l^2; \quad s_p = s_l^2; \quad s_M = s_l^3$$

式中　l_p——原型实际长度；

　　　l_m——模型长度；

　　　s_l——几何相似关系；

　　　s_x——位移相似关系；

　　　s_m——质量密度相似关系；

　　　s_A——面积相似关系；

　　　s_p——集中力相似关系；

　　　s_M——弯矩相似关系。

模型相似关系见表 2-1、表 2-2。

表 2-1　　　　　　　　　　　　　试验 1/2 模型相似关系

构件	材料特性 E、G、μ	长度	面积	质量	位移	剪力	轴力	弯矩
原型	1	1	1	1	1	1	1	1
模型	1	1/2	1/4	1/4	1/2	1/4	1/4	1/8

表 2-2　　　　　　　　　　　　　试验 1/3 模型相似关系

构件	材料特性 E、G、μ	长度	面积	质量	位移	剪力	轴力	弯矩
原型	1	1	1	1	1	1	1	1
模型	1	1/3	1/9	1/9	1/3	1/9	1/9	1/27

3. 试件制作

试件原型与模型比关系见表 2-3~表 2-7。试件及试件物理特性见表 2-8、表 2-9。

表 2-3   1/2 比例模型配筋对照表

构件	肋柱	肋梁	肋梁柱箍筋	框架柱	框架梁	框架梁柱箍筋
原型	4Φ6	4Φ6	Φ4 @200	4Φ12	4Φ10	Φ6 @200
模型	4Φ4	4Φ4	Φ2 @100	4Φ6	4Φ6	Φ4 @100

表 2-4   1/2 比例模型截面对照表

构件	肋柱 $b \times h$/ (mm×mm)	肋梁 $b \times h$/ (mm×mm)	框架柱 $b \times h$/ (mm×mm)	框架梁 $b \times h$/ (mm×mm)
原型	200×100	200×100	200×200	200×200
模型	100×50	100×50	100×100	100×100

表 2-5   1/3 比例模型配筋对照表

构件	肋柱	肋梁	肋梁柱箍筋	框架柱	框架梁	框架梁柱箍筋
原型	4Φ8	4Φ8	Φ5 @200	6Φ12/4Φ16	4Φ12	Φ6 @250
模型	4Φ3	4Φ3	Φ2 @100	4Φ5	4Φ5	Φ2 @70

表 2-6   1/3 比例模型截面对照表

构件	肋柱 $b \times h$/ (mm×mm)	肋梁 $b \times h$/ (mm×mm)	框架柱 $b \times h$/ (mm×mm)	框架梁 $b \times h$/ (mm×mm)
原型	300×100	300×100	300×360	300×300
模型	100×35	100×35	100×120	100×100

表 2-7   1/3 比例模型型钢特性对照表

构件	柱截面含骨率/%		截面面积/cm²		惯性矩 I_x/cm⁴		抵抗矩 W_x/cm³	
原型（I20b）	3.76	0.65:1	39.5	6:1	2500	96:1	250	24:1（表示原型和模型的比值）
模型（[5）	5.75		6.9		26		10.4	

表 2-8　　　　　　　　　　　试件一览表

试件编号	层数、跨数	模型比例	试件尺寸 $B \times H$/（mm×mm）	高宽比	边框柱 截面尺寸 $b \times h$/（mm×mm）	边框柱 型钢	复合墙板编号	最大竖向荷载/kN	轴压比	填充砌块
GML-1	单跨单层	1:2	1400×1440	1:1	100×100	〔5	QB-1	110	0.23	加气块
GML-2	单跨两层	1:3	1030×2000	2:1	100×120	〔5	QB-2	110	0.23	加气块
GML-3	单跨三层	1:3	1030×3000	3:1	100×120	〔5	QB-2	110	0.23	加气块

表 2-9　　　　　　　　　　试件物理特性一览表

试件编号	边框柱纵向配筋率	边框柱配钢率	边框柱体积配箍率	砌块占整个墙体比例	砌块占复合墙板比例	边框柱混凝土占整个墙体比例
GML-1	1.13%	6.9%	0.4%	56.6%	70%	14.3%
GML-2 GML-3	0.65%	5.8%	0.13%	48%	71%	23.3%

　　肋梁柱为 C20，边框梁柱为 C30。轴压比按混凝土设计值计算，当轴压比为 1.0 时，轴力为 475kN。

　　试件配筋图大样见图 2-2～图 2-4。

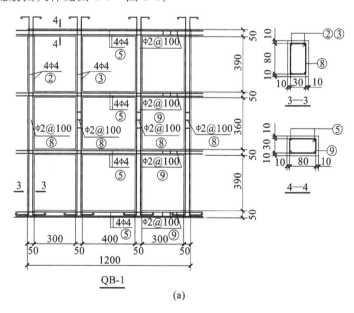

QB-1

(a)

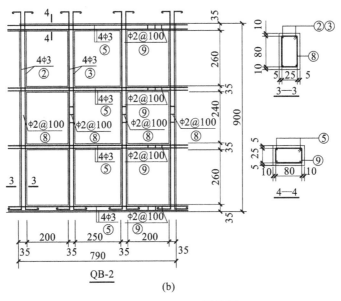

QB-2

(b)

图 2-2 QB-1、QB-2 配筋图

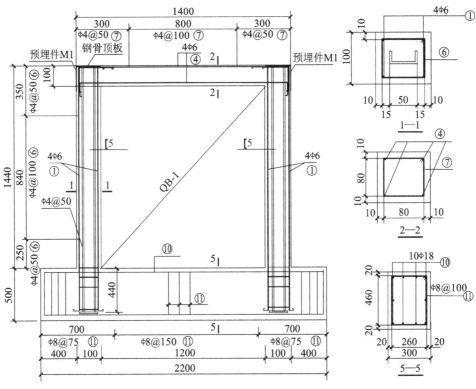

图 2-3 GML-1 边框配筋图

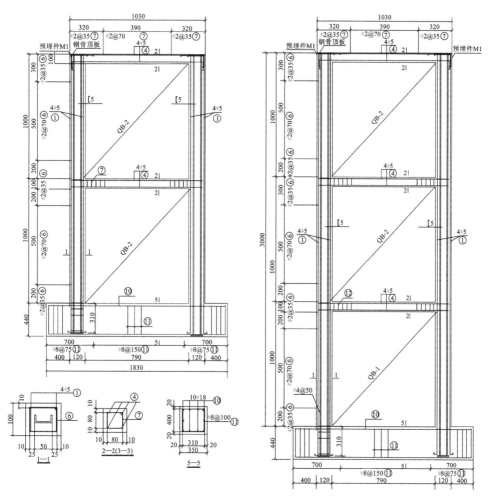

图 2-4　GML-2、GML-3 边框配筋图

4. 材料的力学性能

（1）钢筋。

GML-1 试件的边框梁柱纵筋采用 HPB300 钢筋，边框梁柱箍筋以及肋梁柱纵筋与箍筋均采用经过冷拔的 HPB300 钢筋。GML-2 和 GML-3 试件的边框梁柱纵筋采用经过冷拔的 HPB300 钢筋，边框梁柱箍筋及肋梁柱中纵筋采用 $\phi3$ 的铁丝，肋梁柱中箍筋采用 $\phi2$ 的铁丝。钢筋的力学性能测试结果列于表 2-10。

（2）混凝土。

试件中边框梁柱采用 C30 混凝土，肋梁柱采用 C20 混凝土。各构件设计强度等级及抗压强度测试结果列于表 2-11。

表 2-10　　　　　　　　　　　　钢材品种及力学性能指标测试值

钢材型号	钢材品种	屈服强度/MPa	极限抗拉强度/MPa
φ6	HPB300	458	538.9
φ5	HPB300	542	587
φ4	HPB300	599	656
φ3	铁丝	275	296
φ2	铁丝	241	268
[5(槽钢)	Q235	380.5	507.5

表 2-11　　　　　　　　　　各构件设计强度等级及抗压强度测试结果

试件编号	构件名称		混凝土设计强度等级	试块抗压强度平均值/MPa	混凝土立方体强度变异系数	混凝土立方体强度标准值/MPa	轴心抗压强度换算值/MPa
GML-1	墙板		C20	27.6	0.18	19.6	18.5
	边框		C30	34.5	0.16	25.2	23.1
GML-2	墙板		C20	27.6	0.18	19.6	18.5
	边框	一层	C30	34.5	0.16	25.2	23.1
		二层	C30	35.9	0.16	26.2	24.1
GML-3	墙板		C20	27.6	0.18	19.6	18.5
	边框	一层	C30	34.5	0.16	25.2	23.1
		二层	C30	35.9	0.16	26.2	24.1
		三层	C30	34.4	0.16	25.1	23.1

注:混凝土轴心抗压强度取立方体抗压强度换算值的 61%。

(3)填充砌块。

试件墙板中填充砌块采用西安市硅酸盐制品厂生产的蒸压加气混凝土砌块成品。成品砌块的尺寸为 600mm×240mm×100mm(长×高×厚)。加气混凝土砌块的物理及力学性能指标测试结果列于表 2-12。

表 2-12　　　　　　　加气混凝土砌块的物理及力学性能指标测试结果

干容重/(kN/m³)	立方体抗压强度/(N/mm²)	棱柱体抗压强度/(N/mm²)	弹性模量/(N/mm²)
7.32	4.50	2.7	1.6×10³

（4）型钢。

外框柱中型钢采用 Q235 槽钢[5,根据相关规范要求,从型钢腹板中取出尺寸为 15mm×3.4mm 钢板进行力学性能指标的测试,结果列于表 2-10。

2.1.2　试验方法

1. 加载装置及设备

试验加载装置图如图 2-5 所示。利用安装在反力墙上的液压伺服作动器在墙体顶部施加水平荷载;竖向荷载通过千斤顶加载在分配梁上,经过二次分配后,加载于墙体顶部暗梁上;为防止墙体发生平面外失稳,在墙体两侧设置侧向支撑。

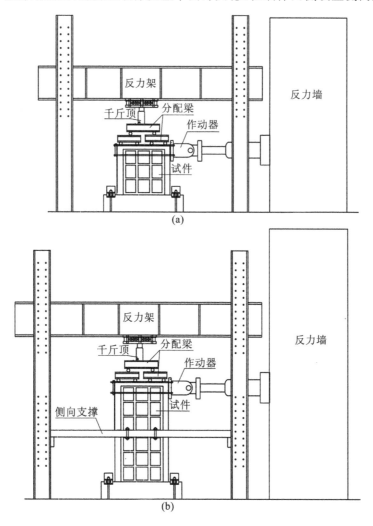

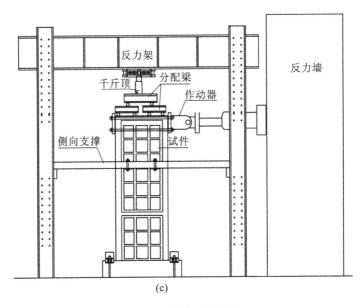

(c)

图 2-5 试验加载装置图

(a)GML-1 装置图;(b)GML-2 装置图;(c)GML-3 装置图

2.加载方案

(1)加载方法。

①竖向加载。墙体中的竖向压应力是影响墙体受力及抗震性能的主要因素,为了模拟墙体的实际受力状况,GML-1 以实际工程 7 层住宅底层墙体的压应力计算轴向压力,并换算至试验墙体,原型承重墙体换算荷载为 440kN,模型承重墙体换算荷载为 110kN。GML-2 及 GML-3 以实际工程 16 层住宅底层墙体的压应力计算轴向压力,并换算至试验墙体,原型承重墙体换算荷载为 990kN,模型承重墙体换算荷载为 110kN。

②水平加载。水平荷载通过反力墙,借助液压作动器对墙体顶部施加,试验中作动器出力±300kN,冲程为±200mm。

(2)加载制度。

所有试件均采取低周反复加载,竖向荷载通过千斤顶加在分配梁上,经二次分配后加在肋柱上:GML-1、GML-2 首先施加竖向荷载,分两级加载,第一级为50kN,第二级为 110kN;GML-3 首先施加竖向荷载,分八级加载,第一级为50kN,其余每级按 30kN 递增,加至 270kN 后退至 110kN。待竖向荷载稳定后,开始施加水平荷载,以位移控制进行低周反复加载。GML-1 在开裂荷载以前采取每级0.5mm 循环一次,开裂以后采取每级 1.0mm 循环一次,待墙体屈服时进行循环加载,以 2mm 递增每级循环三次,到极限荷载时,分别以 3mm、4mm、5mm 递增进行位移循环加载,每级循环三次,直至墙体破坏;GML-2 与 GML-3 在开裂荷载以前采取每级 1.0mm 循环一次,待墙体屈服后,以 2mm 递增每级循环三次,到极限荷载时,以 4mm 递增进行位移循环加载,直至墙体破坏。试件水平加载制度如图 2-6 所示。

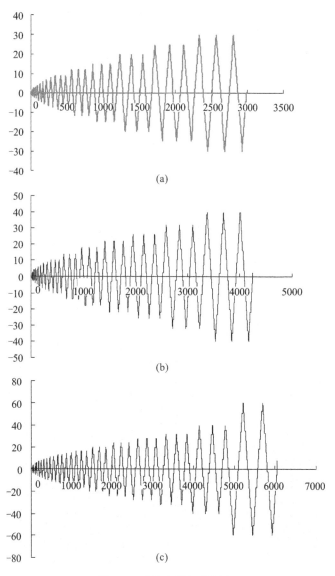

(a)

(b)

(c)

图 2-6　试件水平加载制度

(a)GML-1 水平加载制度;(b)GML-2 水平加载制度;(c)GML-3 水平加载制度

3.测试方案

如图 2-7 所示,为了分析在垂直荷载和水平荷载作用下密肋复合墙体的受力状态,肋梁、肋柱、外框柱的应力变化及墙体的协同工作情况,在外框根部及肋梁、肋柱节点 50mm 处钢筋上设置 2mm×3mm 应变片;为了测量墙体在水平荷载作用下的变形情况,在模型墙体侧边布置位移计;为了研究砌块和框格的协同工作情况,沿墙体对角线的砌块内布置 WBD-10 型机电百分表,测量砌块的变形。为了分析型钢在墙体中的作用,沿槽钢翼缘两侧布置 3mm×5mm 应变片。为了分析墙体在弯矩及轴力作用下的受力情况,在每层墙体底部的边框柱、肋柱及砌块外表面设置 5mm×50mm 混凝土应变片。

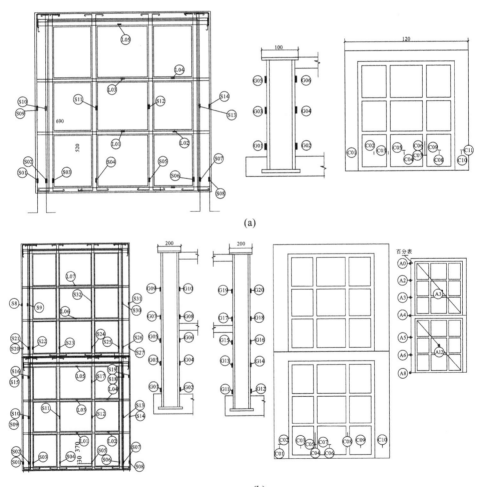

(a)

(b)

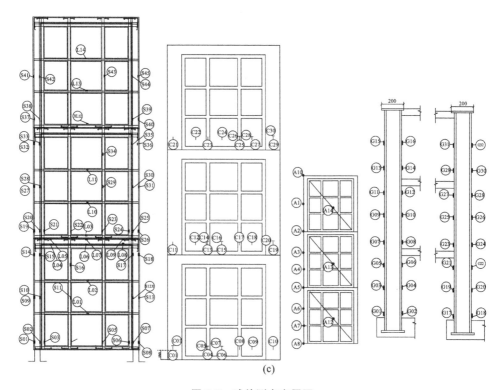

图 2-7　试件测点布置图

(a)GML-1 测点布置图;(b)GML-2 测点布置图;(c)GML-3 测点布置图

2.2　型钢混凝土边框柱密肋复合墙体
抗震性能试验结果分析

2.2.1　破坏现象

1. GML-1 试件

试件在整个加载过程中的受力特性基本可分三个阶段,如图 2-8 所示。

(1)弹性阶段。

在加载初始阶段,墙体的受力性能表现为弹性,其滞回环呈线形,试件卸载后的残余变形很小,水平推力达到 33kN 时,试件左侧下部砌块中出现三条微裂缝;水平拉力达到 33.6kN 时,墙体中部一定范围内,沿砌块对角线出现弥散的微裂缝,肋梁、肋柱中未出现裂缝。水平推力达到 46kN 时,P-Δ 曲线出现较明显的拐点,这一时刻水平荷载称为墙体的开裂荷载。

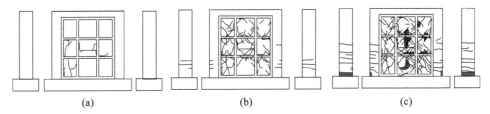

图 2-8 GML-1 试件受力三阶段发展及破坏状态图

(a)弹性阶段；(b)弹塑性阶段；(c)破坏阶段

(2)弹塑性阶段。

随着水平荷载的继续增加，砌块内的裂缝增多，水平推力达到 57.6kN，水平拉力达到 59.7kN 左右时，砌块中开始有少数裂缝延伸至肋梁，但由于肋梁、肋柱、边框所形成的框格整体性好，其相对于加气混凝土砌块的强度、弹性模量大了许多，从而可以有效地约束砌块中裂缝的发展。水平推力达到 95kN（极限荷载的 70%），水平拉力达到 91.4kN 时，砌块内的裂缝继续发展，墙体从上到下均有裂缝出现，并且在中部已经有大的对角斜裂缝出现，中部的两道肋梁均出现明显的贯通裂缝，肋柱中开始出现少数裂缝，受拉区边框柱柱脚部出现一条水平裂缝。随着荷载断续增大，肋梁、肋柱中的裂缝增多且逐步延伸、扩大，受压区边框柱柱脚的混凝土出现轻微的压碎现象，墙体的刚度退化明显，卸载后，残余变形大，滞回环的面积也明显增大。水平荷载达到 110kN（极限荷载的 85%）左右时，墙体中的肋梁、肋柱出现明显的斜裂缝，中层砌块开始出现轻微剥落。这一阶段最明显的现象是肋梁中的钢筋应变迅速增大并开始屈服，墙体承载力虽然仍在上升，但其刚度下降很快，塑性变形显著。这一时刻的水平荷载称为密肋复合墙体的屈服荷载。

(3)破坏阶段。

荷载继续增加，当听到肋梁钢筋被拉断的崩断声后，水平荷载很快达到极限荷载 137.5kN，墙体中的斜裂缝已在部分肋梁、肋柱中贯通，延伸至框柱，并逐步形成沿对角线方向贯通整片墙体的弥散斜裂缝，各层砌块出现破碎、剥落现象，并开始逐步退出工作，压区混凝土出现局部压碎现象。这时墙体达到极限承载力后进入位移大循环阶段，砌块破碎、剥落现象越来越严重，当达到极限位移时，复合墙板与边框柱之间出现竖向滑移裂缝，边框柱与复合墙板间出现明显滑移裂缝，中间砌块几乎完全剥落，最终退化成仅由肋格和边框组成的纯框架，且在肋梁上出现多处塑性铰区。此时，墙体达到破坏阶段，其作为型钢混凝土边框柱密肋复合墙体结构体系的主要抗侧力构件，虽达到极限状态，但仍可以承担全部的竖向荷载。

2. GML-2 试件

GML-2 试件高宽比较大，其破坏过程与 GML-1 试件基本相同，但其破坏现象与 GML-1 试件有很大不同。该试件在整个加载过程中受力特性基本分三个阶段，如图 2-9 所示。

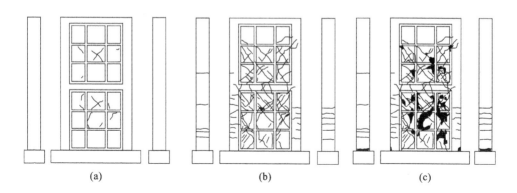

图 2-9　GML-2 试件受力三阶段发展及破坏状态图

(a)弹性阶段;(b)弹塑性阶段;(c)破坏阶段

(1)弹性阶段。

当水平推力达到 38.4kN,水平拉力达到 41.3kN 时,一层中部、上部及二层中部砌块开始出现裂缝,墙体中肋梁、肋柱没有出现裂缝,P-Δ 曲线出现较明显的拐点,达到开裂荷载。

(2)弹塑性阶段。

随着水平荷载继续增加,砌块内的裂缝不断增多。水平推力达到 59.86kN,水平拉力达到 61.2kN 时,二层下部砌块开始出现裂缝,并且一层右上部砌块裂缝穿过上部肋梁延伸至一层顶框梁。加载至 68kN 时,边框柱脚部出现弯曲裂缝,一层中部及上部、二层中部及下部砌块裂缝继续发展,一层中上部肋梁出现贯通裂缝,在一层顶框梁两端,有部分裂缝伸至框梁截面高度一半处。加载至 91kN 时,一层中部肋梁大部分贯通,部分肋柱出现裂缝,二层中下部肋梁部分贯通,并有部分肋柱出现裂缝,一层顶框梁左右两端裂缝全部贯通,二层复合墙板与其底部框梁之间出现滑移现象,两边边框柱底部出现多条贯通裂缝,一层中间部位砌块有脱落现象。加载至 100kN 时,墙体中的对角斜裂缝明显变宽,部分墙皮开始脱落,二层复合墙板底部的滑移现象更加明显,肋梁钢筋大部分屈服并有少部分肋柱钢筋屈服,试件进入屈服阶段。

(3)破坏阶段。

加载至极限荷载 118kN 时,连续出现钢筋崩断声,二层复合墙板与其下部框梁之间的滑移裂缝更加明显,一层中、上部及二层中、下部砌块出现破碎、剥落现象,并开始逐步退出工作,边框柱压区混凝土压碎现象更加严重,边框柱与复合墙板之间出现滑移,并延伸至一层顶。荷载下降至最大荷载的 85% 以下停止加载。整个试件的破坏主要集中在一层中、上部及二层中、下部,一层下部及二层上部只有少数微裂缝。

3. GML-3 试件

GML-3 试件高宽比为 3,从破坏现象看,整个构件发生的仍然是剪切破坏。因此在整个加载过程中其受力特性与 GML-1 试件、GML-2 试件基本相同,也基本分三个阶段,如图 2-10 所示。

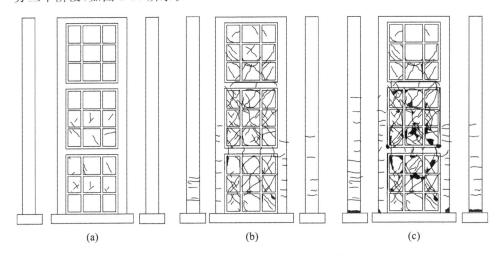

图 2-10　GML-3 试件受力三阶段发展及破坏状态图

(a)弹性阶段;(b)弹塑性阶段;(c)破坏阶段

(1)弹性阶段。

当推力达到 33.62kN,拉力达到 31kN 时,一层墙体中部、上部及二层墙体中部砌块开始出现裂缝,墙体中肋梁、肋柱未出现裂缝,同时 P-Δ 曲线出现较明显的拐点,达到开裂荷载。

(2)弹塑性阶段。

随着水平荷载增加,二层墙体上部、下部相继出现裂缝,并且原有裂缝不断延伸扩展,有部分砌块出现较大斜裂缝,并延伸至肋梁。水平推力加载至 49kN 时,外边框柱一层范围内出现多条弯曲裂缝,一层上部及二层中部肋梁开始出现裂缝,二层整个范围内的砌块均有裂缝出现,并且中部砌块出现贯通斜裂缝。加载至 54kN 时,一层顶框梁两端出现裂缝,三层墙体下部裂缝开始增多,有部分裂缝进入肋梁;二层墙体大部分肋梁均出现裂缝,并有个别裂缝延伸到肋柱;一层墙中、上部肋梁出现裂缝。水平推力达到 61kN 时,二层大部分肋梁、一层中上部肋梁及三层下部肋梁均出现裂缝,二层部分肋梁裂缝已经贯通,并有部分肋柱出现裂缝。加载至 77~83kN 时,一层复合墙板与边框柱出现滑移裂缝,第一层和第二层墙体间框梁两端竖向裂缝贯通,一层与二层开始有墙皮脱落,外框柱与复合墙板间出现竖向滑移裂缝,肋梁钢筋大部分屈服,二层肋柱钢筋屈服较多,试件进入屈服阶段。

（3）破坏阶段。

加载至极限荷载 97kN 时,持续听到钢筋崩断声,边框柱柱脚受压区混凝土局部压碎,二层中部砌块剥落及压碎现象严重,一层顶框梁两端裂缝明显,配置的纵向钢筋已经屈服,二层顶框梁两端出现贯通裂缝,二层大部分肋梁、肋柱均出现贯通裂缝,复合墙板与边框柱之间的滑移裂缝延伸至二层顶。荷载下降至最大荷载的 85％以下时停止加载。整个试件的破坏主要集中在一层上部、二层全部及三层下部,一层中、下部及三层中、上部只有少数微裂缝。

三个试件的破坏阶段裂缝分布见图 2-11。

(a)   (b)   (c)

图 2-11   试件破坏阶段裂缝分布图

(a)试件 GML-1;(2)试件 GML-2;(3)试件 GML-3

2.2.2   破坏机理分析

从上述裂缝出现及破坏过程来看,三组试件破坏的共同特点和规律是:试件的整个破坏过程大致都经历了弹性阶段、弹塑性阶段、破坏阶段三个阶段;裂缝主要出现在整个墙体的中间部位;边框柱上弯曲裂缝较少,柱脚底部受压区局部被压碎,试件最终是因复合墙板填充砌块及肋梁纵筋被拉断而破坏,最终均发生剪切破坏。

对比试件 GML-1、GML-2 和 GML-3 试验现象发现,对于试件 GML-1,当水平荷载达到极限荷载的 70％时,边框柱柱脚开始出现弯曲裂缝,而试件 GML-2 与试 GML-3 施加水平荷载达到极限荷载的 55％和 45％左右时,边框柱柱脚开始出现弯曲裂缝,说明随着高宽比的增加,型钢混凝土边框柱密肋复合墙体的破坏形态逐渐由剪切向弯曲过渡。但型钢的存在,大幅提高了边框的承载能力,即使高宽比达到 3.0,试件发生的仍然是剪切破坏,说明边框柱设置为型钢混凝土柱能明显影响密肋复合墙体结构的破坏形态,使其向有利于密肋复合墙体的剪切破坏形态转变。对比试件 GML-2 与试件 GML-3 的试验结果可知,随着高宽比的增加,试件的抗剪承载力明显降低,说明高宽比(剪跨比)对型钢混凝土边框柱密肋复合墙体抗剪承载力有较明显的影响。试件 GML-2 与试件 GML-3 的破坏均集中在中部,说明型钢混凝土边框柱密肋复合墙体中的边框柱与复合墙板有较强的协同工作性能,复合墙板的最大剪力不在结构的底部,而在结构中部的某处。

与前期标准试验墙板 SW6 对比,试件 GML-1 的不同仅在于边框柱中配置了型钢,从两个试件试验过程看,型钢边框柱复合墙体开裂荷载及极限荷载均较高,试件 GML-1 的开裂荷载及极限荷载分别为 46kN 和 137kN,SW6 相对应的荷载分别为 34kN 和 109kN,说明边框柱与复合墙板共同参与抗剪,且边框柱与复合墙板共同抗剪之间的分担比例将影响复合墙板所承担的水平荷载。因此,当边框柱相对较强时,如边框柱内配有型钢,边框柱所承担的水平荷载相对较大,则复合墙板的开裂荷载及极限承载力均较大。另外,从两个试件整体破坏形态看,试件 GML-1 裂缝分布更加均匀,这样可以发挥砌块在开裂闭合过程中的耗能能力,这是型钢边框柱复合墙体能显著提高墙体抗震耗能能力的主要原因。

2.2.3 试件的承载力、延性及耗能分析

1.滞回曲线

三个试件及前期试验研究普通密肋复合墙标准墙体 SW6 的顶点水平荷载 P 与顶点水平位移 Δ 的滞回曲线如图 2-12 所示。通过对比发现,它们存在以下共同特点:试件开裂以前基本处于弹性工作阶段,其加载与卸载曲线基本重合为一条直线;在试件开裂后到屈服前,滞回曲线所包围的面积很小,曲线狭长细窄,整体刚度变化不大,耗能较小;屈服后,滞回曲线略显反 S 形,滞回面积逐渐增大,耗能能力也逐渐加大;在同一级位移控制下,后两次循环的承载能力和刚度比第一次略为降低,滞回曲线所包围的面积后一次循环小于前一次,表明结构出现了强度、刚度和耗能能力的退化;随着循环次数的增加,特别是极限荷载以后,滞回曲线显示出比较明显的反 S 形,且呈现出很强的捏拢现象,表明该结构体系剪切滑移变形严重,边框柱中加入型钢并不能改善这种特性,说明这种剪切滑移变形主要由复合墙板的特性所决定。试件 GML-1 滞回曲线较 SW6 饱满,说明在边框柱中加入型钢后,其耗能能力有很大程度的提高。试件 GML-3 的滞回环面积比试件 GML-2 大,表明对于型钢混凝土边框柱密肋复合墙体,若是破坏形态一样,随着高宽比的增大,其耗能能力增强。

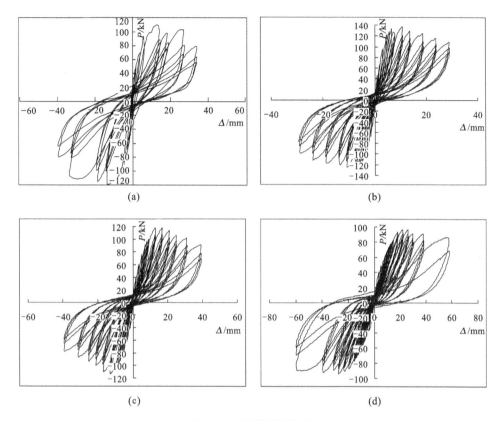

图 2-12 试件滞回曲线

(a)SW6；(b)试件 GML-1；(c)试件 GML-2；(d)试件 GML-3

2.骨架曲线及模型

(1)骨架曲线。

根据荷载-位移滞回曲线绘制出 4 个试件的骨架曲线,如图 2-13 所示。骨架曲线以承载力下降到 85% 极限荷载对应的点作为极限点。从图中看出,试件 GML-1 比 SW6 变形能力强,并且试件 GML-1 后期承载力下降速度更缓慢一些,表明试件 GML-1 比 SW6 具有更好的抗倒塌能力;试件 GML-3 比试件 GML-2 变形能力强。

(2)骨架曲线模型。

采用无量纲坐标,将试验各墙体的骨架曲线置于同一坐标下,可以看出各墙体的骨架曲线基本一致,故本书采用四折线来表述墙体的骨架曲线,关键点分别为:开裂点 A、屈服点 B、最大荷载点 C、极限位移点 D。其中,开裂荷载为 P_k,开裂位移为 Δ_k;屈服荷载为 P_y,屈服位移为 Δ_y;最大荷载为 P_w,对应位移为 Δ_w;极限位移为 Δ_u,对应破坏荷载为 P_u,如图 2-14 所示。

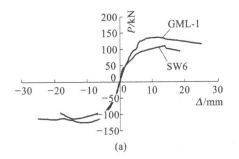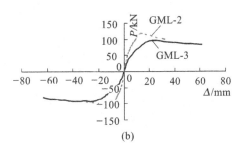

图 2-13　试件骨架曲线

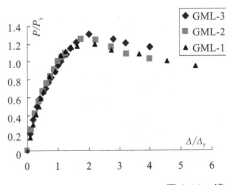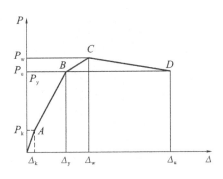

图 2-14　墙体骨架曲线模型

3. 荷载特征点及位移延性

以墙体中填充砌块出现较明显的细微裂缝及滞回曲线出现较明显拐点为依据确定其开裂荷载 P_k 及相应的位移 Δ_k；以骨架曲线上最大荷载点对应的荷载和位移作为其极限荷载 P_u 与相应的位移 Δ_0。试件屈服过程中曲线上无明显弯折点，本书采用"能量等值法"确定试件的屈服点，其原理如图 2-15 所示。根据图 2-15 给出的骨架曲线，按"能量等值法"确定各试件的屈服荷载 P_y 及屈服位移 Δ_y。以骨架曲线上承载力下降到 85% 极限荷载对应的点作为极限位移点 Δ_u，并由极限位移与屈服位移之比确定试件的位移延性。各试件特征点及延性比的对比见表 2-13。

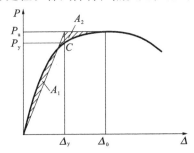

图 2-15　屈服点和破坏点的确定

表 2-13 试件荷载特征点及延性比较

编号	开裂荷载 P_k/kN	开裂位移 Δ_k/mm	屈服荷载 P_y/kN	屈服位移 Δ_y/mm	极限荷载 P_u/kN	极限位移 Δ_u/mm	延性比 Δ_u/Δ_y
SW6	34	0.92	90	5.3	109.7	18.4	3.5
GML-1	46.3	1.1	112.7	5.2	137.1	24.6	4.7
GML-2	39.5	2.0	98	9.2	118.3	33.4	3.6
GML-3	32.6	3.1	79.9	14.3	96.9	63.2	4.4

从图 2-13 和表 2-13 可以看出：

(1)试件 GML-1 的开裂荷载、屈服荷载及极限荷载都大于 SW6,相对应荷载分别提高了 35%、12% 和 26%,并且试件 GML-1 延性也远优于 SW6,延性提高了 34%,表明边框柱设置为型钢混凝土柱后,密肋复合墙体承载力和延性都有明显提高。

(2)试件 GML-2 的开裂荷载、屈服荷载及极限荷载都大于试件 GML-3,相对应荷载分别提高了 21%、23% 和 22%,但延性比小于试件 GML-3,减小了约 22%,表明随着高宽比(剪跨比)增大,结构的抗剪承载力虽有降低,但结构的延性却明显提高。

4. 耗能能力分析

结构在低周反复荷载作用下,加载时吸收能量,卸载时释放能量,两者之差即为结构在一次循环中的耗能量,其值等于一个滞回环所包围的面积,结构耗能能力是结构抗震性能的一个重要指标。结构的耗能能力通常用等效黏滞阻尼系数 h_e 来衡量,其值越大则其耗能能力越强,如图 2-16 所示,其定义为：

$$h_e = \frac{1}{2\pi} \frac{S_{ABC}}{S_{AOD}} \qquad (2-1)$$

由表 2-14 可知,随着水平荷载的增加,墙体的等效黏滞阻尼系数不断增大,但增大率逐步减小;试件 GML-1 的耗能优于 SW6,主要是由于将边框柱设置为型钢混凝土柱后,整片墙体的破坏更加均匀,这样可以发挥砌块在开裂闭合过程中的耗能能力;试件 GML-3 的耗能优于试件 GML-2,表明随着高宽比的加大,结构的耗能能力增强。

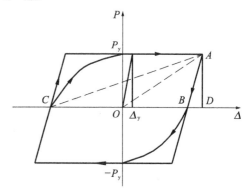

图 2-16 滞回环与能量耗散

表 2-14　　　　　墙体在不同阶段的等效黏滞阻尼系数 h_e　　　　（单位：%）

编号	开裂荷载	屈服荷载	极限荷载	破坏荷载
SW6	5.32	6.42	7.92	10.37
GML-1	5.44	6.82	8.25	11.35
GML-2	5.7	6.93	8.67	12.3
GML-3	5.0	7.66	8.95	14.6

5. 刚度退化分析

为了反映不同墙体的刚度退化，取往复荷载作用下正、反向荷载的绝对值之和除以相应的正、反向位移的绝对值之和，作为每级循环加载的平均刚度，以 K_i 表示如下：

$$K_i = \frac{|P_i| + |-P_i|}{|\Delta_i| + |-\Delta_i|} \tag{2-2}$$

以平均位移 Δ 为横坐标，平均刚度 K 为纵坐标，作出刚度退化曲线，图 2-17 绘出了不同墙体刚度退化的对比曲线。影响墙体初始刚度及刚度退化的因素很多，本书提出如下规律：

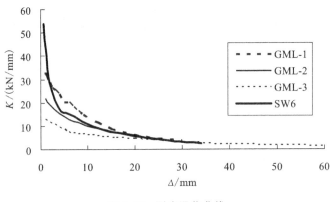

图 2-17　刚度退化曲线

（1）所有试件加载初期的刚度退化较快，随着位移的增加，塑性变形的不断发展，刚度衰减速度变慢，整个刚度衰减比较均匀，没有明显的刚度突变。

（2）与前期试验标准墙体 SW6 相比，试件 GML-1 刚度衰减更加缓慢，表明在边框柱中加入型钢后，复合墙板的裂缝更加均匀，刚度变化比较平缓，结构的抗震性能更好。

（3）通过对比试件 GML-1、试件 GML-2 和试件 GML-3，试件 GML-1 的刚度衰减最快,试件 GML-3 的刚度衰减最慢,表明在剪切破坏状态下,随着高宽比的增加,结构的塑性变形发展缓慢,结构的抗震性能更好。

2.2.4　试件变形分析

图 2-18 所示为试件 GML-2 与试件 GML-3 的侧移曲线。在开裂荷载以前,整片墙体为弯剪型变形,以弯曲变形为主,随着荷载增加,复合墙板破坏加剧,整片墙体逐渐表现为下部为剪切变形而上部为弯曲变形,到破坏阶段,这种现象更加明显。产生这种现象的主要原因是边框柱为弯曲变形,复合墙板以剪切变形为主,且由于密肋复合墙体在构造中,复合墙板仅通过底部坐浆与其下的框梁连接,在每层不连续,存在较大的滑移变形。在初始阶段,复合墙板与边框柱共同工作,整体性较好,整个试件变形为弯剪型,但以弯曲变形为主。随着水平荷载加大,在结构下部,边框柱对复合墙板的约束较强,因此整片墙体下部表现为弯曲变形,但随着高度增加,边框对复合墙板的约束逐渐减弱,复合墙板剪切变形逐渐占主导地位,且每层复合墙板的滑移变形也随着荷载增大而增加,因此,墙体上部表现为较明显的剪切变形。边框柱与复合墙板协同工作性能类似于框架剪力墙结构,随着边框柱弯曲刚度与复合墙板剪切刚度比的变化,墙体会随之变化。

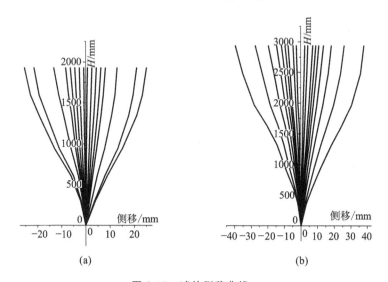

图 2-18　试件侧移曲线

(a)试件 GML-2;(b)试件 GML-3

2.2.5 试件中各构件受力性能试验结果分析

1. 型钢应变分析

（1）型钢应变沿截面高度变化分析。

边框柱型钢中应变片布置见图 2-7，每层布置三个应变片，布置方式为距下部框梁（基础）100mm 处、柱中部及距上部框梁 100mm 处各布置一道应变片，以研究型钢混凝土柱的受力性能。

图 2-19 所示为型钢应变沿高度的变化图，由图可知：

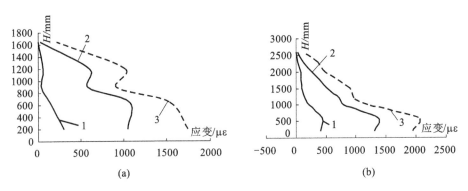

图 2-19 受拉边框柱型钢外翼缘应变沿高度分布图

（a）试件 GML-2；（b）试件 GML-3

1—开裂荷载；2—屈服荷载；3—极限荷载

①随着高宽比的加大，边框柱底部弯曲应力逐步加大，试件 GML-3 在整个试件达到屈服荷载时，边框柱中型钢已经开始屈服，整个试件达到极限荷载时，一层边框柱中的型钢基本上都已屈服，且柱底部型钢边缘已进入极限状态；而试件 GML-2 在整片试件接近极限荷载时，边框柱中的型钢才开始屈服。由于边框柱采用型钢混凝土柱，即使边框柱中型钢达到屈服，边框柱仍然未发生破坏，试件最后发生的是对密肋复合墙体有利的剪切破坏，而前期试验研究中的普通中高层密肋复合墙体发生的基本都是弯曲破坏。这表明随着高宽比增大，边框柱承受弯矩作用越来越大，型钢混凝土边框柱的作用越来越明显。因此，将边框柱设置为型钢混凝土柱对密肋复合墙体结构向中高层发展非常有利。

②从整个型钢应变（边框柱弯矩）变化来看，整个边框柱如同一个悬臂杆，弯矩图上没有反弯点，随着高宽比的增加，弯曲应力逐步趋近于整体弯曲应力；弯曲应力由两部分组成，一部分是作为整体悬臂构件产生的弯曲正应力，另一部分是作为独立构件产生的局部弯曲正应力。整体弯曲应力与局部弯曲应力叠加后，整个边框柱弯曲应力出现图 2-19、图 2-20 所示的现象。

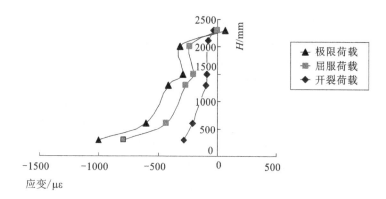

图 2-20 GML-3 受压边框柱型钢外翼缘应变沿高度分布图

（2）试件底部截面型钢应变分析。

图 2-21 所示为三个试件边框柱底部截面型钢应变-水平位移曲线，图中水平位移为负值时，外框柱受拉；水平位移为正值时，外框柱受压。从图中可得出：

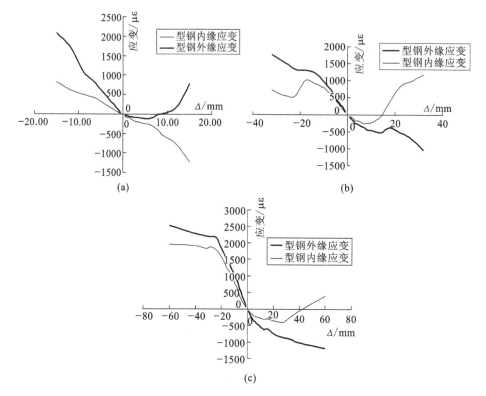

图 2-21 边框柱型钢底部应变-水平位移曲线

（a）试件 GML-1；（b）试件 GML-2；（c）试件 GML-3

①当边框柱处于受拉状态时,试件达到最大荷载以前,型钢内、外缘应变随水平荷载增大的递增速度基本一致,表明型钢应变沿截面高度基本为线性分布。GML-3型钢两侧应变最为接近,GML-2次之,GML-1相差较大,说明随着高宽比增加,边框柱承担的拉力逐渐增大。

②当边框柱处于受压状态时,在施荷初期,型钢内、外缘应变随水平荷载增大的递增速度基本一致,表明型钢应变沿截面高度基本为线性分布。随着荷载增加,型钢外缘应变一直保持为压应变,并逐渐增加,但型钢内缘则由压应变逐渐过渡为拉应变,表明随着复合墙板破坏程度加剧,整个构件退化为由外框及肋组成的框架形式,受压柱产生类似框架结构中柱的局部弯矩。

③在构件达到最大荷载时,边框柱受拉时,GML-1中型钢拉应变只达到了其屈服应变的一半左右,GML-2已经达到其屈服应变,GML-3已经进入强化阶段,表明在高宽比较小时,型钢强度未得到充分发挥,但随着高宽比增加,型钢作用越来越明显;边框柱受压时,型钢外缘压应变均未达到其屈服应变,表明结构承受抗弯能力仍有增加的空间。

2.框梁纵向钢筋应变分析

图2-22所示为GML-3一层顶框梁纵筋应变测试值随顶点水平位移增大的变化曲线。从图中可以看出:

①框梁中纵筋应变均为拉应变,当顶点水平位移达到6mm时,一层顶框梁左端上部出现斜裂缝,当顶点水平位移达到10mm时,框梁左右两端裂缝贯通,当顶点水平位移达到15mm时,框梁左端上部钢筋达到极限拉应变。框梁左端下部钢筋相对其上部钢筋应变较小,施加水平荷载使框梁左端上部钢筋达到极限荷载时,框梁左端下部钢筋达到屈服拉应变。

②框梁中间截面的上排及下排钢筋应变基本相同,并随着顶点水平位移增加而增加,但应变值均较小,最大应变仅为$250\mu\varepsilon$,表明在竖向及水平荷载作用下,框梁基本处于轴心受拉状态。

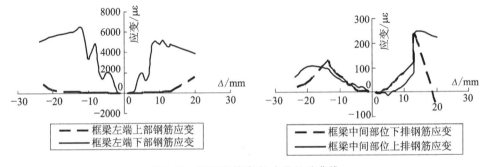

图2-22　框梁纵筋应变-水平位移曲线

在前期的试验研究中由于墙体的高宽比较小,均未发生中间框梁裂缝贯通现象,认为框梁在密肋复合墙体中仅起到连接作用,因此仅从构造进行设计。本试验发现,框梁中部钢筋应变较小且均为拉应变,但框梁两端的钢筋应变较大,且GML-2、GML-3 框梁两端均发生贯通裂缝(图 2-23),说明框梁具有拉结两边框柱使结构成为整体的作用,但又具有一定抗剪作用,若其不能合理设计,将有可能被剪断,影响整个结构整体性。

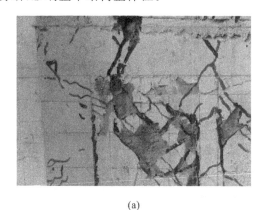 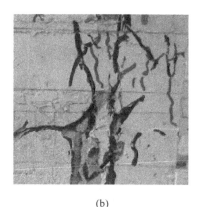

(a)　　　　　　　　　　　　　　　　　　　(b)

图 2-23　GML-3 一层顶框梁破坏图

(a)框梁左端;(b)框梁右端

2.2.6　正应变沿墙体截面高度的分布

为了分析试验中型钢边框柱密肋复合墙体在水平荷载作用下横截面受力情况,取贴于墙体底部表面同一横截面上的边框柱及肋柱上的竖向应变(应变片布置见图 2-7)进行分析。为便于分析,试验数据扣除竖向荷载产生的压应变。

图 2-24 所示为各试件框柱及肋柱底部纵向应变分布图,图中 P_u 为相应试件最大水平荷载。从图 2-24 可以看出:

①墙体中边框柱与肋柱在水平荷载作用下,其正应变分布在加载初期基本为直线,其应变符合平截面假定。随着荷载变化,其正应变分布出现一些局部变化,但总体上仍为直线,其应变基本符合平截面假定。

②在受载的初始阶段,GML-1 底部中和轴大体上与截面重心重合,由于边框柱在荷载接近最大荷载时才出现第一道弯曲裂缝,因此 GML-1 的中和轴从 $0.4P_u$ 到 $0.8P_u$ 基本无变化,一直保持在截面中心。GML-2 及 GML-3 二层底部中和轴大体上与截面重心重合,随着荷载的增加,中和轴逐渐向受压区偏移。在水平荷载达到 $0.4P_u$ 左右时,GML-3 边框柱开始出现裂缝,因此,在 $0.4P_u$ 时,GML-3 一层

底部中和轴已经偏离截面重心,并随着荷载增加,边框柱上裂缝不断增多发展,中和轴也不断向受压区偏移。

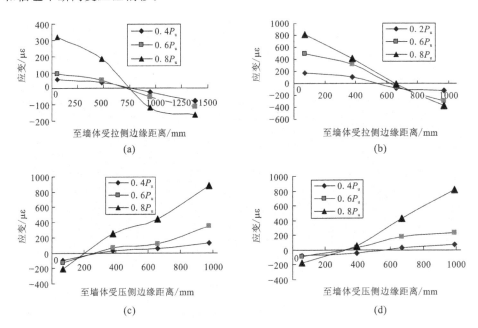

图 2-24 试件墙体底部纵向应变沿截面高度分布图
(a)GML-1 底部;(b)GML-2 一层底部;(c)GML-3 一层底部;(d)GML-3 二层底部

2.3 竖向荷载作用下试验结果分析

为研究型钢边框柱密肋复合墙体在轴压力作用下的受力特性,在施加水平荷载之前,对 GML-3 做竖向加载试验。竖向荷载通过出力为 500kN 的千斤顶加在分配梁上,本书试验竖向加载采用四分点加载模拟均布荷载,加载点经过二次分配后分别位于边框柱与中肋柱,加载直接作用到三层顶边框梁上。为了分析试验中密肋复合墙体竖向荷载在其内部的分配情况,分别在一到三层底部选取墙体表面位于同一横截面上的竖向应变、横向应变(应变片布置见图 2-7)进行分析。施加的竖向荷载分别为 59kN、84kN、119kN、153kN、188kN、222kN 和 257kN,将墙体表面位于同一横截面上的各级竖向荷载作用下的竖向应变的连线绘于图 2-25,将每层外框柱、肋柱及填充砌块上的各级竖向荷载作用下的横向应变的连线绘于图 2-26。

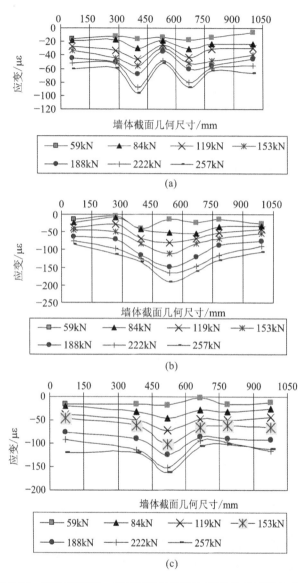

图 2-25　墙体表面同一横截面处不同竖向荷载作用下竖向应变

（a）三层；（b）二层；（c）一层

从图 2-25 可以看出,三层中肋柱的竖向应变远大于中间砌块及边柱上的竖向应变,边框柱上竖向应变与两边砌块较小,中间砌块竖向应变最小,表明由于荷载直接作用到三层顶边框梁上,由于边框较小,无法起到平衡上部荷载的作用,因此,作用点处(中间肋柱)所受荷载较大,边框柱轴向刚度较大,虽然也承担了较大荷

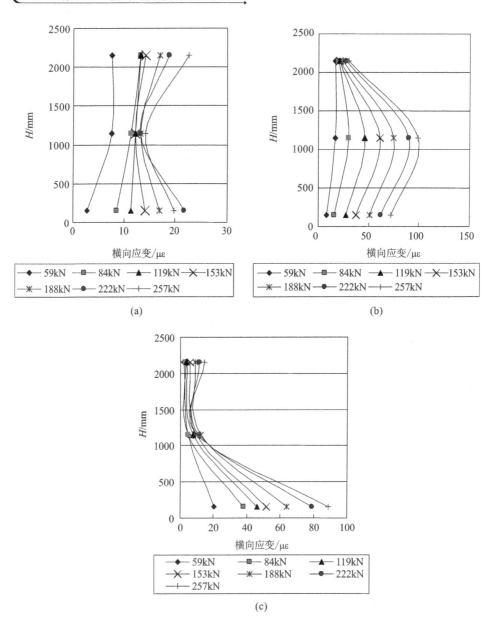

图 2-26 沿试件高度各组件横向应变

(a)边框柱;(b)中肋柱;(c)填充砌块

载,但其竖向变形并不大,而砌块未直接作用荷载,框梁具有一定抗弯刚度,其仍能传递一定荷载,但传递荷载有限,因此受力较小;二层边框柱上竖向应变最小,中间砌块应变最大,从边框柱到中间砌块竖向应变依次递增,表明随着层数增加,特别是通过二层顶框梁及中间肋梁,相当于加大了边框梁的抗弯刚度,因此,框柱、肋柱及填充砌块类似于弹性地基梁下的地基,其竖向应变(类似于弹性地基梁下地基变形)由两边向中间逐渐增大,形成漏斗状;一层除中间砌块上竖向应变较大外,外框柱、边砌块及中肋柱上竖向应变基本相等,表明随着层数继续增加,弹性地基梁的抗弯刚度已经非常大,因此,弹性地基梁下的地基(框梁、砌块、中肋柱)变形一致。

从上述分析可知:①型钢混凝土柱密肋复合墙体在轴压下的受力特性类似于弹性地基梁,框梁对于轴力作用下各组件(框柱、肋柱、填充砌块)力的分配具有较大作用,对于荷载直接作用墙体,框梁抗弯刚度越大,则轴向刚度越大的组件分配力越多;对于相同轴向刚度的组件,越靠近中轴则分配的力越大。②随着层数的增加,整个墙体各组件竖向应变趋于一致,则轴向刚度越大的组件分配的竖向荷载越多。因此,对于多层型钢边框柱密肋复合墙体,底层墙体按轴向刚度进行竖向力分配比较合理。

从图 2-26 可以看出,在竖向荷载较小时,边框柱的横向应变为两端小(顶层与底层)、中间较大(中间层),但随着荷载增加,逐渐过渡为两端大、中间小,并且这种变化差越来越大,表明在竖向力的作用下,两端更容易受压破坏;随着荷载增加,中肋柱横向应变均为两头小、中间大,则在竖向荷载作用下,中间部位的中肋柱更容易破坏;对于填充砌块,底部的横向变形最大,中间和最上端较小。

 参考文献

[1] 姚谦峰,陈平,张荫,等.密肋壁板轻框结构节能住宅体系研究[J].工业建筑,2003,33(1):1-5.

[2] 姚谦峰,黄炜,田洁,等.密肋复合墙体受力机理及抗震性能试验研究[J].建筑结构学报,2004,25(6):67-74.

[3] 姚谦峰,袁泉.小高层密肋壁板轻框结构模型振动台试验研究[J].建筑结构学报,2003,24(1):59-63.

[4] 姚谦峰,贾英杰.密肋壁板结构十二层 1/3 比例房屋模型抗震性能试验研究[J].土木工程学报,2004,37(6):1-5,11.

[5] 王爱民.中高层密肋壁板结构密肋复合墙体受力性能及设计方法研究[D].西安:西安建筑科技大学,2006.

[6] 吕西林,董宇光,丁子文.截面中部配置型钢的混凝土剪力墙抗震性能研究[J].地震工程与工程振动,2006,26(6):101-107.

[7] 曹万林,范燕飞,张建伟,等.型钢混凝土剪力墙的抗震性能研究[J].地震工程与工程振动,2007,27(2):81-84.

[8] 王曙光,蓝宗建.劲性钢筋混凝土开洞低剪力墙拟静力试验研究[J].建筑结构学报,2005,26(1):85-90.

[9] 叶列平,方鄂华.钢骨混凝土构件的受力性能研究综述[J].土木工程学报,2000,33(5):1-11.

[10] Saneinejad A, Hobbs B. Inelastic design of infilled frames[J]. Journal of Structural Engineering (ASCE), 1995, 121(4): 634-650.

[11] 黄炜.密肋复合墙体抗震性能及设计理论研究[D].西安:西安建筑科技大学,2004.

[12] 中华人民共和国住房和城乡建设部,中华人民共和国国家质量监督检验检疫总局.GB 50011—2010 建筑抗震设计规范(2016年版)[S].北京:中国建筑工业出版社,2016.

[13] 姚谦峰,陈平.土木工程结构试验[M].北京:中国建筑工业出版社,2001.

[14] 西安建筑科技大学建筑工程新技术研究所.密肋壁板轻型框架结构理论与应用研究[R].2000.

[15] 李忠献.工程结构试验理论与技术[M].天津:天津大学出版社,2003.

[16] Massone L M, Wallace J W. Load-deformation responses of slender reinforced concrete walls[J]. ACI Structural Journal, 2004, 101(1): 103-113.

3 型钢混凝土边框柱密肋复合墙体结构协同工作性能分析

型钢混凝土边框柱密肋复合墙体结构是由隐形边框与复合墙板组合在一起的一种新型结构体系,在水平及竖向荷载作用下,由边框与复合墙板共同承担结构内力(弯矩、剪力及轴力)。由于密肋复合墙体属于一种组合结构,各组件(边框梁柱、肋梁柱、填充砌块)承担的内力与其轴向刚度及侧向刚度有很大关系,但又不是一种简单比例关系,它们之间存在一种协同工作。如何从理论上解决型钢混凝土边框柱密肋复合墙体各组件协同工作问题,即各组件在竖向及水平荷载作用下各承担多少内力,是该结构体系进一步发展的理论基础,也是该结构体系的一个难点。

本章在试验研究基础上,通过对型钢混凝土边框柱密肋复合墙体受力特性深入研究,揭示了该结构体系的协同工作性能,提出了型钢混凝土边框柱密肋复合墙体在竖向及水平荷载作用下力学概念明确的协同工作计算模型,通过计算模型给出了相应解析方程,对复合墙体及边框柱协同工作影响因素(内力分配因素)进行分析。

3.1 竖向荷载作用下协同工作分析

试验研究表明,在竖向荷载作用下,边框柱承担的荷载较大,中肋柱次之,而中间填充砌块承担的荷载较小,但所有研究成果均未从理论上给出复合墙体各组件(边框柱、肋柱、填充砌块)之间是如何分配竖向荷载的。现有的研究文献均通过试验结果认为所有荷载由边框柱和肋柱承担,填充砌块不承担竖向荷载,只是在承载力计算公式中,通过在边框柱和肋柱前乘以提高系数来考虑其有利作用,并且对于边框柱和肋柱所承担的荷载均按刚度比来分配。由于型钢混凝土边框柱密肋复合墙体是一种组合结构,各组件究竟是如何分配竖向力的,影响各组件分配力的因素又有哪些,各组件是如何协同工作的,这些都需要在理论上进行研究,因此有必要建立一种力学概念明确的计算模型,从而揭示其受力机理。

3.1.1 理论研究

1. 简化力学模型

在型钢混凝土边框柱密肋复合墙体结构的施工中,先把墙板预制并装配到位,再浇筑边框梁和边框柱(或连接中柱),其整体性较好。一般在使用阶段边框柱梁及肋柱梁、填充砌块的塑性影响很小,在此阶段可采用弹性理论进行分析。为了进行以下分析,做了如下假定:

①砌体在破坏以前具有弹性变形能力,符合弹性材料基本假定。

②框梁的变形很小,可将其视为半无限体上的弹性地基梁。

根据以上假定,可把框梁简化为弹性地基梁,其下的边框柱、肋柱及填充砌块所组成的墙板则构成了弹性地基,对于这种假定,在很多文献中均有应用并都取得了较好效果。日莫契金提出,当弹性地基梁受到任意竖直荷载和力偶作用时,可将梁分为若个分段,在分段中部加上垂直弹性支座,加上垂直弹性支座后的地基梁就变成了弹性支座上的连续梁,解这个梁可用力法、混合法等。日莫契金通过计算还指出,实用上只需取 6~10 个弹性支座就可以得出具有一定精度的解答。

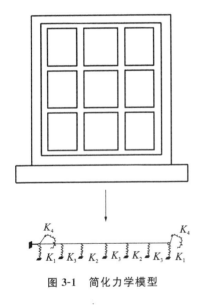

图 3-1　简化力学模型

通过以上分析,本书提出型钢混凝土边框柱密肋复合墙体在垂直荷载作用下的简化力学模型,如图 3-1 所示。其中,边框柱、肋柱各简化成一个弹性支座,刚度分别为 K_1、K_2,填充砌块可根据长度简化为一到两个弹性支座,刚度为 K_3,框柱对框梁的约束简化为一个弹性转动约束,转动刚度为 K_4,其上垂直荷载可以是均布荷载、集中荷载、弯矩等,其求解方法都一样,常见的有混合法、五弯矩法和力法等;对于只考虑移动约束弹性支座连续梁的解法,很多文献都有介绍,而对带转动约束的情况还不多见,文献[9]对带弹性转动约束的情况通过结构力学混合法进行了求解,给出了带弹性转动约束的弹性连续梁的解法。

2. 力学分析

图 3-2(a)所示为带转动约束的弹性支承连续梁的力学模型。设连续梁由 N 个弹性支座 $K_i(i=1,2,\cdots,N)$ 所支承,其中 $K_i \sim K_n(1\leqslant n\leqslant N)$ 为移动约束弹簧刚度,$K_{n+1} \sim K_N$ 为转动约束弹簧刚度。为了简化计算推导过程,分布荷载通过离散化处理转化为集中荷载。

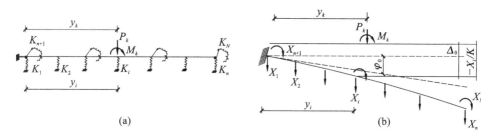

图 3-2 计算简图

首先使连续梁一端成为固定端,并使之产生与原结构相同的线位移 Δ_0 和角位移 φ_0,然后去掉连续梁的 N 个弹性约束,并以相应虚力 $X_i(i=1,2,\cdots,N)$ 代替。因此,求解该问题的未知量为弹性支座反力 X_i 以及梁端线位移 Δ_0、转角 φ_0,共有 $(N+2)$ 个。由弹性支座的变形协调条件可得:

$$\Delta_0 + y_i \tan\varphi_0 + \Delta_{ip} + \sum_{j=1}^{N} \delta_{ij} X_j = -X_i/K_i \tag{3-1}$$

$$\varphi_0 + \Delta_{ip} + \sum_{j=1}^{N} \delta_{ij} X_j = -X_i/K_i \tag{3-2}$$

另外,由作用在连续梁上的力和力矩平衡条件可得式(3-3)、式(3-4):

$$\sum_{i=1}^{n} X_i + p_0 = 0 \tag{3-3}$$

$$\sum_{i=1}^{n} X_i y_i + \sum_{i=n+1}^{N} X_i + M_0 = 0 \tag{3-4}$$

其中

$$p_0 = \sum_{k=1}^{m} p_k \quad M_0 = \sum_{k=1}^{m} (M_k + p_k y_k)$$

通常梁端转角很小,取 $\tan\varphi_0 = \varphi_0$,联立式(3-1)～式(3-4)就得到了求解转动约束的弹性支承连续梁的基本力学方程,即式(3-5):

$$\begin{bmatrix} \delta_{11}+1/K_1 & \delta_{12} & \cdots & \delta_{1n} & \delta_{1(n+1)} & \cdots & \delta_{1N} & 1 & y_1 \\ \delta_{21} & \delta_{22}+1/K_2 & \cdots & \delta_{2n} & \delta_{2(n+1)} & \cdots & \delta_{2N} & 1 & y_2 \\ \vdots & \vdots & & \vdots & \vdots & & \vdots & \vdots & \vdots \\ \delta_{n1} & \delta_{n2} & \cdots & \delta_{nn}+1/K_n & \delta_{n(n+1)} & & \delta_{nN} & 1 & y_n \\ \delta_{(n+1)1} & \delta_{(n+1)2} & \cdots & \delta_{(n+1)n} & \delta_{(n+1)(n+1)}+1/K_{n+1} & & \delta_{(n+1)N} & 0 & 1 \\ \vdots & \vdots & & \vdots & \vdots & & \vdots & \vdots & \vdots \\ \delta_{N1} & \delta_{N2} & \cdots & \delta_{Nn} & \delta_{N(n+1)} & \cdots & \delta_{NN}+1/K_N & 0 & 1 \\ 1 & 1 & \cdots & 1 & 0 & \cdots & 0 & 0 & 0 \\ y_1 & y_2 & \cdots & y_n & 1 & \cdots & 1 & 0 & 0 \end{bmatrix} \begin{Bmatrix} X_1 \\ X_2 \\ \vdots \\ X_n \\ X_{n+1} \\ \vdots \\ X_N \\ \Delta_0 \\ \varphi_0 \end{Bmatrix}$$

$$= \left\{ \begin{array}{c} -\Delta_{1p} \\ -\Delta_{2p} \\ \vdots \\ -\Delta_{np} \\ -\Delta_{(n+1)p} \\ \vdots \\ -\Delta_{Np} \\ p_0 \\ M_0 \end{array} \right\} \tag{3-5}$$

式(3-5)中,δ_{ij} 为单位力 X_j 作用下沿 X_i 向的位移;Δ_{ip} 为外荷载(M_k、p_k)作用下沿 X_i 向的位移,分别按以下情况计算。

(1)K_i、K_j 均为移动约束弹簧。

$$\delta_{ij} = \delta_{ji} = \begin{cases} y_i^2(3y_j - y_i)/(6EI) & (y_j \geqslant y_i) \\ y_j^2(3y_i - y_j)/(6EI) & (y_j < y_i) \end{cases} \tag{3-6}$$

(2)K_i、K_j 均为转动约束弹簧。

$$\delta_{ij} = \delta_{ji} = \begin{cases} y_i/(EI) & (y_j \geqslant y_i) \\ y_j/(EI) & (y_j < y_i) \end{cases} \tag{3-7}$$

(3)K_i 为移动约束弹簧,k_j 为转动约束弹簧。

$$\delta_{ij} = \delta_{ji} = \begin{cases} y_i^2/(2EI) & (y_j \geqslant y_i) \\ y_j(2y_i - y_j)/(2EI) & (y_j < y_i) \end{cases} \tag{3-8}$$

(4)K_i 为转动约束弹簧,k_j 为移动约束弹簧。

$$\delta_{ij} = \delta_{ji} = \begin{cases} y_i(2y_j - y_i)/(2EI) & (y_j \geqslant y_i) \\ y_j^2/(2EI) & (y_j < y_i) \end{cases} \tag{3-9}$$

(5)K_i 为移动约束弹簧。

$$\Delta_{ip} = \sum_{i=1}^m D_{ik}/(6EI)$$

$$D_{ik} = \begin{cases} y_i^2(3y_k - y_i)P_k + 3y_i^2 M_k & (y_k \geqslant y_i) \\ y_k^2(3y_i - y_k)P_k + 3y_k(2y_i - y_k)M_k & (y_k < y_i) \end{cases} \tag{3-10}$$

(6)K_i 为转动约束弹簧。

$$\Delta_{ip} = \sum_{i=1}^m D_{ik}/(2EI)$$

$$D_{ik} = \begin{cases} y_i(2y_k - y_i)P_k + 2y_i M_k & (y_k \geqslant y_i) \\ y_k^2 P_k + 2y_k M_k & (y_k < y_i) \end{cases} \tag{3-11}$$

求解式(3-5)的线性方程组可得到弹性支座反力 $X_i(i=1,2,\cdots,N)$。

3.1.2　试验结果对比

1.试验研究

前期进行了大量试验以研究在竖向荷载作用下密肋复合墙体的极限承载力,本书仅对一榀墙板(SW9)进行论述,通过对这榀墙板的精确分析,验证理论计算结果和试验结果的吻合性。该试件(SW9)加载装置、构件尺寸及应变花位置见图3-3,其中分配梁截面尺寸 $b×h＝250\text{mm}×350\text{mm}$,边框梁尺寸 $b×h＝100\text{mm}×50\text{mm}$,上边肋梁尺寸均为 $b×h＝100\text{mm}×50\text{mm}$。竖向荷载通过出力为500kN的千斤顶加在分配梁上,经二次分配后加在肋柱上,竖向荷载每级15kN(按实际工程的标准层荷载折算),由于试验装置的限制,共加载27次至405kN。

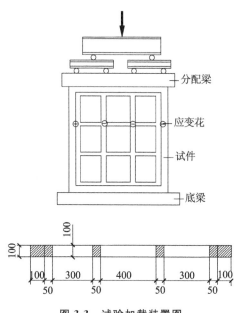

图 3-3　试验加载装置图

为了分析试验中竖向荷载在密肋复合墙体内部的分配情况,选取墙体表面位于同一横截面上的竖向应变、横向应变进行分析。为便于分析,取竖向荷载分别为74.4kN、103kN、132kN、160.8kN、204kN、232.8kN、276kN、304kN、333.6kN时的应变进行分析。墙体表面位于同一横截面上的各级竖向荷载作用下的竖向应变、横向应变见表3-1。若已知纵、横向应变,通过弹性力学中平面应力问题的应力应变关系式可以很容易求出纵向应力;若已知应力和构件截面面积,则可求出轴心受力构件所受的轴向力,试验计算结果列于表3-1。在计算中,混凝土的弹性模

量取为 2.55×10^4 MPa,表中 ε_x、ε_y 分别为测得的纵、横向应变,由于砌体上未贴应变花,因此仅对边框柱和肋柱进行分析,砌块所受荷载为总荷载减去两者所承担的荷载。表 3-1 中所列的是单个边框柱、中肋柱所承担的荷载。

表 3-1　　　　　　　　试件所受轴向力计算结果与试验结果对比

荷载 p/kN	边框柱应变/$\mu\varepsilon$		中肋柱应变/$\mu\varepsilon$		试验结果/kN		计算结果/kN	
	ε_x	ε_y	ε_x	ε_y	边框柱	中肋柱	边框柱	中肋柱
74.4	−35	3	−29	9	25.15	4.4	25.68	7.52
103	−46	4	−34	11	33.1	5.12	35.48	10.25
132	−64	8	−51	16	46.5	11.4	45.05	13.02
160.8	−79	9	−68	18	57.2	12.3	54.63	15.76
204	−90	20	−96	28	67.3	14.6	67.68	19.18
232.8	−105	24	−113	35	78.6	17.3	78.59	22.64
276	−125	27	−140	42	93.2	19.2	92.97	26.76
304	−128	30	−153	47	96.1	23.4	107.28	29.43
333.6	−133	29	−164	50	99.3	25.1	112.13	32.25

2. 与试验结果对比

按图 3-1 所示的计算力学模型,所有尺寸均按图 3-3 试件,其中混凝土的弹性模量取 2.55×10^4 MPa,砌块弹性模量为 2.66×10^3 MPa,则框梁截面抗弯刚度 $EI = 4.84 \times 10^4$ kN·m²,框柱轴向刚度 $K_1 = 6.37 \times 10^5$ kN,肋柱轴向刚度 $K_2 = 1.28 \times 10^5$ kN,填充砌块轴向刚度 $K_3 = 7 \times 10^4$ kN,框柱对框梁的约束转角刚度 $K_4 = 5.1 \times 10^3$ kN·m²。根据式(3-5)可以计算出在各级荷载作用下密肋复合墙体结构各组件所承担的竖向荷载,所受竖向荷载按试验加载方式为集中加载,计算结果见表 3-1。由表 3-1 可以看出,边框柱轴向刚度占总轴向刚度的 73%,其所承担的轴向力占总竖向荷载的 67.3%;中间肋柱轴向刚度占总轴向刚度的 14.8%,其所承担的轴向力占总竖向荷载的 19.4%;填充砌块轴向刚度占总轴向刚度的 12.2%,其所承担的轴向力占总竖向荷载的 13.3%。从总的比例来看,试件 SW9 各组件所承担的轴向力基本按轴向刚度分配。

从图 3-4 可以看出,本书提出的力学模型计算结果与试验结果相符,其中肋柱计算结果均比试验结果大,而边框柱试验结果和理论计算结果非常相近,说明在实际受力过程中,砌块和肋柱的相互协同工作性能较强,肋柱有一部分荷载传给了填充砌块,但在计算模型中未考虑,而砌块和边框柱的相互影响作用不大,砌块对边框柱有利的一面就是填充砌块增加了边框柱的侧向支承。从总体上来说,采用本书所提出的计算模型是可行的,且具有一定的精确性。

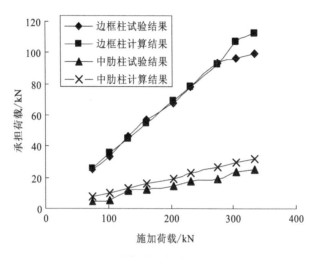

图 3-4　计算结果与试验结果对比

3.1.3　竖向荷载分配比例影响因素分析

从上述理论计算分析中可以看出,影响型钢混凝土边框柱密肋复合墙体各组件所承担荷载(弹性支座反力)的因素主要有框梁刚度(连续地基梁刚度)、肋柱间距及各组件刚度(弹性支座刚度),下面分别对这几个方面进行分析。为方便论述,以下计算以按图 3-3 所示试验墙板为计算模型,其中混凝土弹性模量取 2.55×10^4 MPa,填充砌块弹性模量取 1.6×10^3 MPa,边框柱与边肋柱合成一个构件进行计算。

1.边框梁刚度的影响

表 3-2 所示为型钢混凝土边框柱密肋复合墙体各组件所承担的竖向荷载随边框梁刚度变化表,为计算方便,把边框梁和上边肋梁合为一体,均按边框梁计算,边框梁的宽度均取 250mm,高度在 $100 \sim 500$mm 之间变化,施加均布荷载为 150kN/m。从表中可以看出,随边框梁刚度的增加,边框柱所承担的荷载逐渐变大,而中肋柱、边砌块和中间砌块所承担的荷载都逐渐降低,说明随着边框梁刚度的增加,刚度越大的组件分配竖向荷载比例越大,而刚度越小的组件分配竖向荷载的比例则越小,即各组件所分配的比例不是定值,其随着边框梁刚度的变化而变化。边框梁高度从 100mm 增加到 500mm,边框柱承担的荷载增加了 185%,而中肋柱和填充砌块所承担的荷载则降低了 52%,说明边框梁高度的变化(刚度的变化)对各组件分配竖向荷载有较大影响。

表 3-2   各组件承担竖向荷载随边框梁高度变化表

边框梁高度 h/mm	边框柱承担的荷载/kN	中肋柱承担的荷载/kN	边填充砌块承担的荷载/kN	中间填充砌块承担的荷载/kN
100	23.63	47.2	20.42	28.36
150	29.14	45.22	17.39	27.74
200	36.1	41.36	15.66	25.42
250	43.68	36.86	14.23	22.53
300	50.71	32.61	13.04	19.75
350	56.58	29.06	12.10	17.42
400	61.3	26.29	11.37	15.59
450	64.74	24.18	10.83	14.2
500	67.44	22.6	10.43	13.16

2. 肋柱间距的影响

图 3-5 所示为型钢混凝土边框柱密肋复合墙体结构各组件所承担的竖向荷载随肋柱间距的变化图,横坐标为肋柱间距增加的百分比,纵坐标为各组件承担荷载增加或减小的百分比,其中下降曲线进行了坐标上移处理。肋柱间距加大,不仅受间距本身的影响,还有中间填充砌块的受力面积会加大,也就是说其总体刚度加大也会对分配关系产生影响。在这里,取边框梁截面尺寸为 $b \times h = 250\text{mm} \times 350\text{mm}$,边框柱和肋柱尺寸按图 3-3 不变,填充砌块长度按 10% 增加,总长度由 1.4m 增加到 2.1m,增加了 50%。保持总竖向压力 210kN 不变,每级均布荷载按总长度做相应调整。从图 3-5 可以看出,随着肋柱间距从 10% 增加到 50%,边框

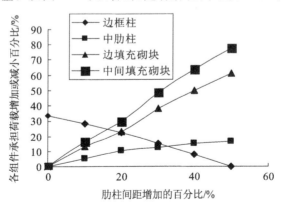

图 3-5   各组件承担荷载随肋柱间距变化图

柱承担的荷载从 33％降低到 8％,中肋柱承担的荷载从 5％增加到 16％,边填充砌块承担的荷载从 13％增加到 61％,中间填充砌块承担的荷载从 16％增加到 77％,说明增加肋柱间距对各组件分配荷载的影响很大,尤其是对中间填充砌块的影响最大,间距增加了 50％,中间填充砌块承担的荷载增加了 77％。这也从侧面反映出边框柱的间距对于边框柱承担荷载有较大影响,若是边框柱间距不变,仅肋柱间距增大或减小,那么对边框柱承担的荷载影响不大,只是对肋柱和砌块承担的荷载有较大的影响。

3.边框柱刚度的影响

在型钢混凝土边框柱密肋复合墙体的设计中,一般肋柱、肋梁的尺寸变化不大,而边框梁柱则根据开间及层数、层高的变化而有较大变化,因此在这里仅对边框柱刚度变化的影响进行探讨。边框柱的刚度以图 3-3 所示边框柱尺寸为基准从 5％增加到 50％。

图 3-6 所示为型钢混凝土边框柱密肋复合墙体各组件所承担的竖向荷载随边框柱刚度的变化图,横坐标为边框柱刚度增加的百分比,纵坐标为各组件承担荷载增加或减小的百分比,其中下降曲线进行了坐标上移处理。由图 3-6 可得出,边框柱刚度对各组件承担荷载的影响不大,当边框柱刚度增加 50％时,对边填充砌块承担荷载的影响最大,但也只降低了 11％,边框柱承担荷载也只增加了 6％。

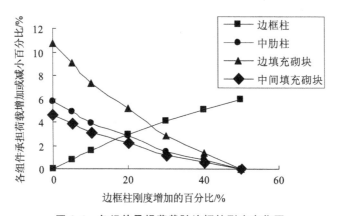

图 3-6　各组件承担荷载随边框柱刚度变化图

3.2　水平荷载作用下协同工作分析

型钢混凝土边框柱密肋复合墙体结构受力机理及抗震性能的研究表明,复合墙板先于边框柱破坏是保证该结构体系具有良好抗震性能的关键。因此,研究型钢混凝土边框柱密肋复合墙体结构在水平荷载作用下各组件(边框、肋、填充砌块)

协同工作性能,即各组件所承担的内力,显得尤为重要。但在现行研究文献中,未见这些方面的理论研究成果。

文献[15]、[16]通过定性研究提出,外框柱与复合墙板刚度比将影响各组件分配荷载比例,外框柱与复合墙板的刚度比大,则外框承担水平荷载多,填充砌块开裂荷载大,整个结构承载力提高,但延性低,反之则结构承载力低。因此,在理论上揭示该结构体系协同工作性质,定量算出各组件分配荷载关系,合理设计结构延性和承载力是本书研究的一个急需解决的问题。

本书在试验研究基础上,提出该结构体系在水平荷载作用下,可视为夹层复合结构,复合墙板为夹层复合结构中的夹层材料,边框柱为夹层复合结构中的外壁。根据变形协调原理对其进行受力分析,研究该结构体系协同工作性能,建立结构水平位移及各组成构件承受剪力和弯矩表达式,定量给出型钢混凝土边框柱密肋复合墙体结构在水平荷载作用下边框柱、复合墙板所承担的水平荷载。这些理论为该结构体系抗震研究提供了依据。

3.2.1 单跨复合墙结构计算

1.计算模型

型钢混凝土边框柱密肋复合墙体结构中的填充砌块未开裂之前,可将复合墙板视为弹性板,通过等效刚度原则把复合墙板的肋梁柱替换为填充砌体,整个结构成为外框柱内夹填充砌体的复合墙体结构,这样,可视此结构为带隔夹层悬臂梁,如图 3-7 所示。由于型钢混凝土边框柱密肋复合墙体结构中的框梁按构造进行配置,其截面相对复合墙板很小,框梁相对夹层材料刚度很小时,框梁对结构总体影响不大,因此可把框梁与夹层墙体合为一体。

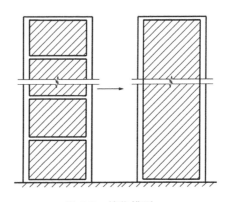

图 3-7 简化模型

图 3-8 所示为复合墙体结构受力分析简图。假定型钢混凝土边框柱密肋复合

墙体结构在弹性阶段,外框柱与复合墙板连接牢固,不存在滑移,两者变形协调,在纵、横向具有相同变形。M、N、V 分别为结构受到的总弯矩、轴力、剪力;图 3-8 中,M_c、V_c、N_c 分别为外框柱受到的弯矩、剪力、轴力;M_w、V_w、N_w 分别为复合墙板受到的弯矩、剪力、轴力。

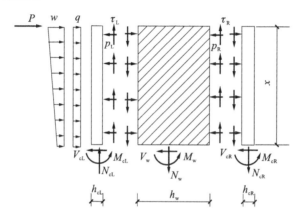

图 3-8　单跨复合墙结构受力分析简图

2. 建立基本方程

中间夹层由于面内剪切力 τ 的作用发生剪切变形,在小变形条件下,剪切变形产生转角 α(图 3-9):

$$\alpha = \frac{\tau_L}{G} \quad 或 \quad \alpha = \frac{\tau_R}{G} \tag{3-12}$$

由剪切变形产生的位移为

$$\begin{cases} \delta_{vL} = \dfrac{\tau_L}{G} \cdot \dfrac{h_w}{2} \\[2mm] \delta_{vR} = \dfrac{\tau_R}{G} \cdot \dfrac{h_w}{2} \end{cases} \tag{3-13}$$

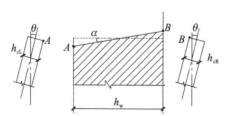

图 3-9　单跨复合墙结构弯曲变形与剪切变形

边框柱在内力作用下发生弯曲变形,在小变形条件下,弯曲变形产生转角 θ(图 3-9):

$$\theta = \frac{\mathrm{d}y}{\mathrm{d}x} \tag{3-14}$$

由弯曲变形产生的位移为

$$\begin{cases} \delta_{\mathrm{mL}} = \dfrac{h_{\mathrm{cL}}}{2}\dfrac{\mathrm{d}y}{\mathrm{d}x} \\[3mm] \delta_{\mathrm{mR}} = \dfrac{h_{\mathrm{cR}}}{2}\dfrac{\mathrm{d}y}{\mathrm{d}x} \end{cases} \tag{3-15}$$

由于外框与复合墙板不发生滑移,图 3-9 中外框柱的 A 点及 B 点应与复合墙板的 A 点及 B 点属于同一点。依据外框柱与复合墙板变形协调关系,在小变形条件下,复合墙板产生的剪切变形与外框柱产生的弯曲变形相等,即 $\delta_{\mathrm{mL}} = \delta_{\mathrm{vL}}$,$\delta_{\mathrm{mR}} = \delta_{\mathrm{vR}}$,则根据式(3-13)与式(3-15)可得相应竖向剪应力:

$$\begin{cases} \tau_{\mathrm{L}} = G\dfrac{h_{\mathrm{cL}}}{h_{\mathrm{w}}}\dfrac{\mathrm{d}y}{\mathrm{d}x} \\[3mm] \tau_{\mathrm{R}} = G\dfrac{h_{\mathrm{cR}}}{h_{\mathrm{w}}}\dfrac{\mathrm{d}y}{\mathrm{d}x} \end{cases} \tag{3-16}$$

式中　h_{c},h_{w}——外框柱和复合墙板截面高度;

　　　G——复合墙板等效剪切模量(按文献[19]计算);

　　　y——结构侧向位移;

　　　x——结构顶部至计算截面的距离。

由材料力学可知,构件受弯时曲率为

$$\begin{cases} \dfrac{\mathrm{d}^2 y}{\mathrm{d}x^2} = \dfrac{M_{\mathrm{cL}}}{E_{\mathrm{cL}} I_{\mathrm{cL}}} \\[3mm] \dfrac{\mathrm{d}^2 y}{\mathrm{d}x^2} = \dfrac{M_{\mathrm{w}}}{E_{\mathrm{w}} I_{\mathrm{w}}} \\[3mm] \dfrac{\mathrm{d}^2 y}{\mathrm{d}x^2} = \dfrac{M_{\mathrm{cR}}}{E_{\mathrm{cR}} I_{\mathrm{cR}}} \end{cases} \tag{3-17}$$

上式中,$E_{\mathrm{cL}} I_{\mathrm{cL}}$、$E_{\mathrm{w}} I_{\mathrm{w}}$、$E_{\mathrm{cR}} I_{\mathrm{cR}}$ 分别为左边框、复合墙板及右边框的等效弯曲刚度,边框柱为型钢混凝土柱时,等效弯曲刚度采用混凝土与型钢弯曲刚度相加。

根据图 3-8,分别按弯矩与剪力平衡可得

$$\begin{cases} \dfrac{\mathrm{d}M_{\mathrm{cL}}}{\mathrm{d}x} = -V_{\mathrm{cL}} + h_{\mathrm{cL}} b \tau_{\mathrm{L}} \\[3mm] \dfrac{\mathrm{d}M_{\mathrm{w}}}{\mathrm{d}x} = -V_{\mathrm{w}} + h_{\mathrm{w}} b (\tau_{\mathrm{L}} + \tau_{\mathrm{R}}) \\[3mm] \dfrac{\mathrm{d}M_{\mathrm{cR}}}{\mathrm{d}x} = -V_{\mathrm{cR}} + h_{\mathrm{cR}} b \tau_{\mathrm{R}} \end{cases} \tag{3-18}$$

$$\begin{cases} \dfrac{\mathrm{d}V_{\mathrm{cL}}}{\mathrm{d}x} = -p_{\mathrm{L}}b \\[2mm] \dfrac{\mathrm{d}V_{\mathrm{w}}}{\mathrm{d}x} = p_{\mathrm{L}}b - p_{\mathrm{R}}b \\[2mm] \dfrac{\mathrm{d}V_{\mathrm{cR}}}{\mathrm{d}x} = p_{\mathrm{R}}b \end{cases} \tag{3-19}$$

将式(3-17)微分一次代入式(3-18)得

$$\begin{cases} E_{\mathrm{cL}}I_{\mathrm{cL}}\dfrac{\mathrm{d}^3 y}{\mathrm{d}x^3} = -V_{\mathrm{cL}} + h_{\mathrm{cL}}b\tau_{\mathrm{L}} \\[2mm] E_{\mathrm{w}}I_{\mathrm{w}}\dfrac{\mathrm{d}^3 y}{\mathrm{d}x^3} = -V_{\mathrm{w}} + h_{\mathrm{w}}b(\tau_{\mathrm{L}} + \tau_{\mathrm{R}}) \\[2mm] E_{\mathrm{cR}}I_{\mathrm{cR}}\dfrac{\mathrm{d}^3 y}{\mathrm{d}x^3} = -V_{\mathrm{cR}} + h_{\mathrm{cR}}b\tau_{\mathrm{R}} \end{cases} \tag{3-20}$$

由式(3-20)得

$$EI\dfrac{\mathrm{d}^3 y}{\mathrm{d}x^3} = -V + h_{\mathrm{cL}}b\tau_{\mathrm{L}} + h_{\mathrm{w}}b(\tau_{\mathrm{L}} + \tau_{\mathrm{R}}) + h_{\mathrm{cR}}b\tau_{\mathrm{R}} \tag{3-21}$$

其中

$$EI = E_{\mathrm{cL}}I_{\mathrm{cL}} + E_{\mathrm{w}}I_{\mathrm{w}} + E_{\mathrm{cR}}I_{\mathrm{cR}} \quad V = V_{\mathrm{cL}} + V_{\mathrm{w}} + V_{\mathrm{cR}}$$

由图 3-8 可知

$$V = \begin{cases} V_{\mathrm{p}}\left[1 - \left(1 - \dfrac{x}{H}\right)^2\right] & \text{(倒三角形荷载)} \\[2mm] V_{\mathrm{p}}\dfrac{x}{H} & \text{(均布荷载)} \\[2mm] V_{\mathrm{p}} & \text{(顶部集中荷载)} \end{cases} \tag{3-22}$$

其中,V_{p} 为基底 $x = H$ 处的总剪力,即全部水平力之和。

对式(3-22)两边微分得

$$\dfrac{\mathrm{d}V}{\mathrm{d}x} = \begin{cases} V_{\mathrm{p}}\left(\dfrac{2}{H} - \dfrac{2x}{H^2}\right) & \text{(倒三角形荷载)} \\[2mm] \dfrac{V_{\mathrm{p}}}{H} & \text{(均布荷载)} \\[2mm] 0 & \text{(顶部集中荷载)} \end{cases} \tag{3-23}$$

对式(3-21)两边微分一次,并将式(3-23)、式(3-16)代入整理得

$$EI\dfrac{\mathrm{d}^4 y}{\mathrm{d}x^4} - A\dfrac{\mathrm{d}^2 y}{\mathrm{d}x^2} = \begin{cases} -V_{\mathrm{p}}\left(\dfrac{2}{H} - \dfrac{2x}{H^2}\right) & \text{(倒三角形荷载)} \\[2mm] -\dfrac{V_{\mathrm{p}}}{H} & \text{(均布荷载)} \\[2mm] 0 & \text{(顶部集中荷载)} \end{cases} \tag{3-24}$$

其中

$$A = bG \frac{h_{cL}^2 + h_{cR}^2 + (h_{cL} + h_{cR})h_w}{h_w}$$

令 $\xi = x/H$，$\lambda = H\sqrt{\dfrac{A}{EI}}$，式(3-24)变形为

$$\frac{d^4 y}{d\xi^4} - \lambda^2 \frac{d^2 y}{d\xi^2} = \frac{p(\xi)H^4}{EI} \tag{3-25}$$

其中，$p(\xi)$ 为式(3-24)中荷载函数，上述所有式中 b 为复合墙板厚度。

3. 求解基本方程

式(3-25)是一个四阶线性微分方程，其一般解为

$$y = C_1 + C_2\xi + C_3 \sinh(\lambda\xi) + C_4 \cosh(\lambda\xi) + y_1 \tag{3-26}$$

式中，C_1、C_2、C_3、C_4 为任意常数，y_1 为式(3-26)中特解。

由于在实际中顶部集中荷载及倒三角形荷载使用情况最多，本书就这两种荷载形式进行推导，确定四个任意常数的边界条件。

(1) 当 $x=0(\xi=0)$，顶部集中力作用下，$V=P$，由式(3-16)与式(3-21)可得 $-\dfrac{EI}{H^3}\dfrac{d^3 y}{d\xi^3} + \dfrac{A}{H}\dfrac{dy}{d\xi} = P$；当作用倒三角形荷载时，$V=0$，即 $-\dfrac{EI}{H^3}\dfrac{d^3 y}{d\xi^3} + \dfrac{A}{H}\dfrac{dy}{d\xi} = 0$。

(2) 当 $x=H(\xi=1)$ 时，结构底部转角为零，即 $\dfrac{dy}{d\xi} = 0$。

(3) 当 $x=0(\xi=0)$ 时，结构顶部弯矩为零，即 $\dfrac{d^2 y}{d\xi^2} = 0$。

(4) 当 $x=H(\xi=1)$ 时，结构底部位移为零，即 $y=0$。

上式中，H 为型钢混凝土边框柱密肋复合墙体结构高度。由四个边界条件可解得结构位移曲线和作用于各组件上的弯矩、剪力表达式。

(1) 顶部作用集中荷载时。

当顶部作用集中荷载时，式(3-26)的特解 $y_1=0$。

① 侧向位移。

$$y = \frac{PH^3}{EI}\left\{\frac{1}{\lambda^3 \cosh\lambda}\left[\sinh(\lambda\xi) - \sinh\lambda\right] + \frac{1}{\lambda^2}(1-\xi)\right\} \tag{3-27}$$

② 各组件承担剪力。

$$\frac{V_{cL}}{P} = \frac{1}{EI}\left\{\frac{\cosh(\lambda\xi)E_{cL}I_{cL}}{\cosh\lambda} + \frac{\beta_{cL}}{\lambda^2}\left[1 - \frac{\cosh(\lambda\xi)}{\cosh\lambda}\right]\right\} = \eta_{cL}^V \tag{3-28}$$

$$\frac{V_{cR}}{P} = \frac{1}{EI}\left\{\frac{\cosh(\lambda\xi)E_{cR}I_{cR}}{\cosh\lambda} + \frac{\beta_{cR}}{\lambda^2}\left[1 - \frac{\cosh(\lambda\xi)}{\cosh\lambda}\right]\right\} = \eta_{cR}^V \tag{3-29}$$

其中，$\beta_{cL} = bGH^2 \dfrac{h_{cL}^2}{h_w}$；$\beta_{cR} = bGH^2 \dfrac{h_{cR}^2}{h_w}$。

$$V_w = P - (V_{cL} + V_{cR}) = (1 - \eta_{cL}^V - \eta_{cR}^V)P \tag{3-30}$$

③各组件承担局部弯矩。

$$\frac{M_{cL}}{PH} = \frac{M_{cL}}{M_0} = \frac{E_{cL}I_{cL}}{EI} \cdot \frac{\sinh(\lambda\xi)}{\lambda\cosh\lambda} = \eta_{cL}^M \tag{3-31}$$

$$\frac{M_{cR}}{PH} = \frac{M_{cR}}{M_0} = \frac{E_{cR}I_{cR}}{EI} \cdot \frac{\sinh(\lambda\xi)}{\lambda\cosh\lambda} = \eta_{cR}^M \tag{3-32}$$

$$\frac{M_w}{PH} = \frac{M_w}{M_0} = \frac{E_wI_w}{EI} \cdot \frac{\sinh(\lambda\xi)}{\lambda\cosh\lambda} = \eta_w^M \tag{3-33}$$

式中,M_{cL}、M_{cR}、M_w 分别为左、右边框柱及复合墙板所承担的局部弯矩。

④各组件承担的轴力。

各组件轴力 $N(x)$ 与竖向剪力之间的关系,从图 3-8 可以看出为

$$N(x) = b\int_0^x \tau(x)\mathrm{d}x \tag{3-34}$$

由式(3-16)知,若左、右边框柱截面高度相等,则复合墙板左、右两侧剪应力相等,其所承担的轴力为零,只有左、右两边框柱承担轴力。

由式(3-16)、式(3-27)、式(3-34)得

$$N_{cL} = N_{cR} = N(x) = bG\frac{PH^2}{EI} \cdot \frac{h_c}{h_w}\left[\frac{H}{\lambda\cosh\lambda}\sinh\left(\frac{\lambda x}{H}\right) - \frac{x}{\lambda^2}\right] \tag{3-35}$$

式中,$h_c = h_{cL} = h_{cR}$。

(2)倒三角形荷载作用时。

当倒三角形荷载作用时,式(3-26)的特解 $y_1 = \dfrac{V_pH^3}{\lambda^2EI}\xi^2\left(\dfrac{\xi}{3} - 1\right)$。

①侧向位移。

$$y = \frac{V_pH^3}{\lambda^2EI}\left\{\left(1 - \frac{2}{\lambda^2} - \frac{2}{\lambda}\sinh\lambda\right)\frac{\sinh(\lambda\xi) - \sinh\lambda}{\lambda\cosh\lambda} + \xi^2\left(\frac{\xi}{3} - 1\right) + \right.$$
$$\left. \frac{2}{\lambda^2}\left[\cosh(\lambda\xi) - \cosh\lambda + \xi - 1\right] + \frac{2}{3}\right\} \tag{3-36}$$

②各组件承担剪力。

$$\frac{V_{cL}}{V_p} = \frac{1}{\lambda^2EI}\left\{2E_{cL}I_{cL}\left[\frac{\lambda^2\cosh(\lambda\xi)}{\cosh\lambda}\left(\frac{1}{2} - \frac{\sinh\lambda}{\lambda} - \frac{1}{\lambda^2}\right) + \lambda\sinh(\lambda\xi) + 1\right] - \right.$$
$$\left. \beta_{cL}\left[\frac{\cosh(\lambda\xi)}{\cosh\lambda}\left(1 - \frac{2\sinh\lambda}{\lambda} - \frac{2}{\lambda^2}\right) + \frac{2}{\lambda}\sinh(\lambda\xi) + \frac{2}{\lambda^2} + \xi^2 - 2\xi\right]\right\} = \eta_{cL}^V$$
$$\tag{3-37}$$

$$\frac{V_{cR}}{V_p} = \frac{1}{\lambda^2EI}\left\{2E_{cL}I_{cR}\left[\frac{\lambda^2\cosh(\lambda\xi)}{\cosh\lambda}\left(\frac{1}{2} - \frac{\sinh\lambda}{\lambda} - \frac{1}{\lambda^2}\right) + \lambda\sinh(\lambda\xi) + 1\right] - \right.$$
$$\left. \beta_{cR}\left[\frac{\cosh(\lambda\xi)}{\cosh\lambda}\left(1 - \frac{2\sinh\lambda}{\lambda} - \frac{2}{\lambda^2}\right) + \frac{2}{\lambda}\sinh(\lambda\xi) + \frac{2}{\lambda^2} + \xi^2 - 2\xi\right]\right\} = \eta_{cR}^V$$
$$\tag{3-38}$$

其中，$\beta_{cL} = bGH^2 \dfrac{h_{cL}^2}{h_w}$；$\beta_{cR} = bGH^2 \dfrac{h_{cR}^2}{h_w}$。

$$V_w = V_p - (V_{cL} + V_{cR}) = (1 - \eta_{cL}^V - \eta_{cR}^V)V_p \tag{3-39}$$

③各组件承担局部弯矩。

$$\frac{M_{cL}}{M_p} = \frac{3E_{cL}I_{cL}}{\lambda^2 EI}\left[\frac{\lambda\sinh(\lambda\xi)}{\cosh\lambda}\left(\frac{1}{2} - \frac{\sinh\lambda}{\lambda} - \frac{1}{\lambda^2}\right) + \cosh(\lambda\xi) - 1 + \xi\right] = \eta_{cL}^M$$
$$\tag{3-40}$$

$$\frac{M_{cR}}{M_p} = \frac{3E_{cR}I_{cR}}{\lambda^2 EI}\left[\frac{\lambda\sinh(\lambda\xi)}{\cosh\lambda}\left(\frac{1}{2} - \frac{\sinh\lambda}{\lambda} - \frac{1}{\lambda^2}\right) + \cosh(\lambda\xi) - 1 + \xi\right] = \eta_{cR}^M$$
$$\tag{3-41}$$

$$\frac{M_w}{M_p} = \frac{3E_w I_w}{\lambda^2 EI}\left[\frac{\lambda\sinh(\lambda\xi)}{\cosh\lambda}\left(\frac{1}{2} - \frac{\sinh\lambda}{\lambda} - \frac{1}{\lambda^2}\right) + \cosh(\lambda\xi) - 1 + \xi\right] = \eta_w^M$$
$$\tag{3-42}$$

式中，M_p 为基底 $x = H$ 处的总弯矩。

④各组件承担的轴力。

由式(3-16)、式(3-34)、式(3-36)得

$$N_{cL} = N_{cR} = N(x) = bG\frac{h_c}{h_w}\frac{V_p H^2}{\lambda^2 EI}\left\{\left(1 - \frac{2}{\lambda^2} - \frac{2}{\lambda}\sinh\lambda\right)\frac{\sinh(\lambda x)}{\lambda\cosh\lambda} + \right.$$
$$\left. x^2\left(\frac{x}{3} - 1\right) + \frac{2}{\lambda^2}\left[\cosh(\lambda x) + x - 1\right]\right\} \tag{3-43}$$

式中，$h_c = h_{cL} = h_{cR}$。

3.2.2　多跨复合墙结构计算

1. 计算模型

在实际工程中，由多根边框柱与复合墙板组成的多跨型钢混凝土边框柱密肋复合墙体是比较常见的情况，图 3-10 所示为结构简化模型。本节在上节研究的基础上进行多跨复合墙体结构的协同工作分析。其原理方法同上节，即在填充砌块未开裂之前，可将复合墙板视为弹性板，通过等效刚度原则把复合墙板的肋柱代换为填充砌体，整个结构成为外框柱内夹填充砌体的复合墙体结构，这样，可视此结构为带隔(边框梁)夹层复合结构，如图 3-10 所示。由于型钢混凝土边框柱密肋复合墙体结构中的框梁按构造进行配置，其截面相对复合墙板很小，当隔相对夹层材料刚度很小时，隔对结构总体影响不大，因此可把隔与夹层墙体合为一体。图 3-11 所示为多跨复合墙体结构受力分析简图。假定型钢混凝土边框柱密肋复合墙体结构在弹性阶段，外框柱与复合墙板连接牢固，不存在滑移，两者变形协调，在纵、横

向具有相同变形。图 3-11 中,M_i、N_i、V_i 分别为复合墙板各组件受到的弯矩、剪力、轴力,h_i 为各组件的截面宽度。

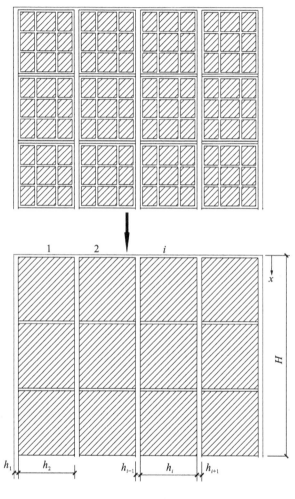

图 3-10 结构简化模型

在水平荷载作用下,外框主要产生弯曲变形,中间夹层(复合墙板)由于面内剪切力的作用,发生剪切变形,并且二者在竖直方向上变形协调。任取一组外框和复合墙板进行变形分析,如图 3-12 所示。

2.建立基本方程

由于外框与复合墙板不发生滑移,图 3-12 中外框柱的 A、B 点应与复合墙板的 A、B 点属于同一点,依据外框柱与复合墙板变形协调关系,在小变形条件下,复合墙板产生的剪切变形与外框柱产生的弯曲变形相等,则

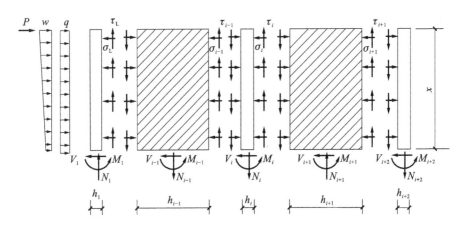

图 3-11　多跨复合墙结构受力分析简图

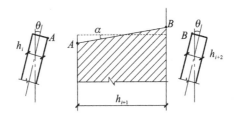

图 3-12　多跨复合墙结构弯曲变形与剪切变形

$$\begin{cases} \theta \dfrac{h_i}{2} = \alpha \dfrac{h_{i+1}}{2} \\[3mm] \theta \dfrac{h_{i+2}}{2} = \alpha \dfrac{h_{i+1}}{2} \end{cases} \tag{3-44}$$

与式(3-13)、式(3-15)推导方法类似,式(3-44)整理得

$$\begin{cases} \tau_i = G \dfrac{h_i}{h_{i+1}} \dfrac{\mathrm{d}y}{\mathrm{d}x} \\[3mm] \tau_{i+1} = G \dfrac{h_{i+2}}{h_{i+1}} \dfrac{\mathrm{d}y}{\mathrm{d}x} \end{cases} \tag{3-45}$$

写成通用表达式为

$$\begin{cases} \tau_i = G \dfrac{h_i}{h_{i+1}} \dfrac{\mathrm{d}y}{\mathrm{d}x} & (i = 1,3,5,\cdots) \\[3mm] \tau_i = G \dfrac{h_{i+1}}{h_i} \dfrac{\mathrm{d}y}{\mathrm{d}x} & (i = 2,4,6,\cdots) \end{cases} \tag{3-46}$$

式中　G——复合墙板等效剪切模量;

y——结构侧向位移;

x——结构顶部至计算截面的距离。

由材料力学可知,梁曲率为

$$\frac{\mathrm{d}^2 y}{\mathrm{d}x^2} = \frac{M_i}{E_i I_i} \tag{3-47}$$

根据图 3-11,对第 i 墙段任取一微段进行分析,分别按弯矩与力平衡可得

$$\frac{\mathrm{d}M_i}{\mathrm{d}x} = -V_i + h_i b(\tau_{i-1} + \tau_i) \tag{3-48}$$

$$\frac{\mathrm{d}V_i}{\mathrm{d}x} = (\sigma_i - \sigma_{i-1})b \tag{3-49}$$

$$\frac{\mathrm{d}N_i}{\mathrm{d}x} = (\tau_i - \tau_{i-1})b \tag{3-50}$$

把式(3-47)代入式(3-48)可得

$$E_i I_i \frac{\mathrm{d}^3 y}{\mathrm{d}x^3} = -V_i + h_i b(\tau_{i-1} + \tau_i) \tag{3-51}$$

由图 3-11 可得

$$\sum V_i = \begin{cases} V_\mathrm{p}\left[1 - \left(1 - \dfrac{x}{H}\right)^2\right] & \text{(倒三角形荷载)} \\[2mm] V_\mathrm{p}\,\dfrac{x}{H} & \text{(均布荷载)} \\[2mm] V_\mathrm{p} & \text{(顶部集中荷载)} \end{cases} \tag{3-52}$$

上式中,V_p 为基底 $x=H$ 处的总剪力,即全部水平力之和。

对式(3-52)两边微分得

$$\sum \frac{\mathrm{d}V_i}{\mathrm{d}x} = \begin{cases} V_\mathrm{p}\left(\dfrac{2}{H} - \dfrac{2x}{H^2}\right) & \text{(倒三角形荷载)} \\[2mm] \dfrac{V_\mathrm{p}}{H} & \text{(均布荷载)} \\[2mm] 0 & \text{(顶部集中荷载)} \end{cases} \tag{3-53}$$

对式(3-51)两边微分一次,并将式(3-46)、式(3-53)代入整理得

$$\sum E_i I_i \frac{\mathrm{d}^4 y}{\mathrm{d}x^4} - bG\left[\frac{h_1^2}{h_2} + \sum h_i\left(\frac{h_j}{h_{j+1}} + \frac{h_{k+1}}{h_k}\right)\right]\frac{\mathrm{d}^2 y}{\mathrm{d}x^2}$$

$$= \begin{cases} -V_\mathrm{p}\left(\dfrac{2}{H} - \dfrac{2x}{H^2}\right) & \text{(倒三角形荷载)} \\[2mm] -\dfrac{V_\mathrm{p}}{H} & \text{(均布荷载)} \\[2mm] 0 & \text{(顶部集中荷载)} \end{cases} \tag{3-54}$$

令 $EI = \sum E_i I_i$，$\xi = x/H$，$\lambda = H\sqrt{\dfrac{A}{EI}}$，$A = bG\sum\left[\dfrac{h_i}{h_{i-1}}(h_i + h_{i-1}) + \dfrac{h_i}{h_{i+1}}(h_i + \right.$

$h_{i+1})\left.\right]$ $(i = 1,3,5,\cdots)$，式(3-54)变形为

$$\frac{\mathrm{d}^4 y}{\mathrm{d}\xi^4} - \lambda^2 \frac{\mathrm{d}^2 y}{\mathrm{d}\xi^2} = \frac{p(\xi)H^4}{EI}$$

其中，$p(\xi)$ 为式(3-54)中荷载函数，上述所有式中 b 为复合墙板厚度。

3.求解基本方程

上式是一个四阶线性微分方程，其一般解为

$$y = C_1 + C_2\xi + C_3 \sinh(\lambda\xi) + C_4 \cosh(\lambda\xi) + y_1$$

式中，C_1、C_2、C_3、C_4 为任意常数，y_1 为上式的特解。

确定四个任意常数的边界条件：

(1)当 $x = 0(\xi = 0)$，顶部集中力作用下，$\sum V_i = P$，由式(3-46)与式(3-51)

可得 $-\dfrac{EI}{H^3}\dfrac{\mathrm{d}^3 y}{\mathrm{d}\xi^3} + \dfrac{A}{H}\dfrac{\mathrm{d}y}{\mathrm{d}\xi} = P$；当作用倒三角形荷载时，$\sum V_i = 0$，即 $-\dfrac{EI}{H^3}\dfrac{\mathrm{d}^3 y}{\mathrm{d}\xi^3} +$

$\dfrac{A}{H}\dfrac{\mathrm{d}y}{\mathrm{d}\xi} = 0$。

(2) 当 $x = H(\xi = 1)$ 时，结构底部转角为零，即 $\dfrac{\mathrm{d}y}{\mathrm{d}\xi} = 0$。

(3) 当 $x = 0(\xi = 0)$ 时，结构顶部弯矩为零，即 $\dfrac{\mathrm{d}^2 y}{\mathrm{d}\xi^2} = 0$。

(4) 当 $x = H(\xi = 1)$ 时，结构底部位移为零，即 $y = 0$。

其中，H 为型钢混凝土边框柱密肋复合墙体结构高度。由四个边界条件可解得结构位移曲线和作用于各组件上的弯矩、剪力表达式。

(1)顶部为集中荷载作用时。

当顶部为集中荷载作用时，特解 $y_1 = 0$。

①侧向位移。

$$y = \frac{PH^3}{EI}\left\{\frac{1}{\lambda^3 \cosh\lambda}\left[\sinh(\lambda\xi) - \sinh\lambda\right] + \frac{1}{\lambda^2}(1 - \xi)\right\}$$

②各组件承担局部弯矩。

$$\frac{M_i}{PH} = \frac{M_i}{M_0} = \frac{E_i I_i}{EI} \cdot \frac{\sinh(\lambda\xi)}{\lambda\cosh\lambda} = \eta_i^M \tag{3-55}$$

③各组件承担剪力。

$$\frac{V_i}{P} = \frac{1}{EI}\left\{\frac{\cosh(\lambda\xi)E_i I_i}{\cosh\lambda} + \frac{\beta_i}{\lambda^2}\left[1 - \frac{\cosh(\lambda\xi)}{\cosh\lambda}\right]\right\} = \eta_i^V \tag{3-56}$$

其中

$$\beta_i = bGH^2 h_i \left(\frac{h_i}{h_{i-1}} + \frac{h_i}{h_{i+1}} \right) \quad i = 1,3,5,\cdots \quad (\text{边框柱})$$

$$\beta_i = bGH^2 h_i \left(\frac{h_{i-1}}{h_i} + \frac{h_{i+1}}{h_i} \right) \quad i = 2,4,6,\cdots \quad (\text{复合墙板})$$

④各组件承担轴力。

各组件轴力 $N(x)$ 与竖向剪力之间的关系,从图 3-11 可以看出,为

$$N_i(x) = b \int_0^x \tau_i(x) \, \mathrm{d}x \tag{3-57}$$

当所有复合墙板及外框柱截面高度基本一致时,根据式(3-46)知,所有剪应力都相等,则根据式(3-34)可得出,除最外两根框柱外,其他组件轴力均为零。由式(3-46)、式(3-27)、式(3-57)得

$$N_1 = N(x) = bG \frac{PH^2}{EI} \cdot \frac{h_1}{h_2} \left[\frac{H}{\lambda \cosh\lambda} \sinh\left(\frac{\lambda x}{H}\right) - \frac{x}{\lambda^2} \right] \tag{3-58}$$

(2)倒三角形荷载作用时。

当为倒三角形荷载作用时,特解 $y_1 = \frac{V_p H^3}{\lambda^2 EI} \xi^2 \left(\frac{\xi}{3} - 1 \right)$。

①侧向位移。

$$y = \frac{V_p H^3}{\lambda^2 EI} \left\{ \left(1 - \frac{2}{\lambda^2} - \frac{2}{\lambda} \sinh\lambda \right) \frac{\sinh(\lambda\xi) - \sinh\lambda}{\lambda \cosh\lambda} + \xi^2 \left(\frac{\xi}{3} - 1 \right) + \right.$$
$$\left. \frac{2}{\lambda^2} \left[\cosh(\lambda\xi) - \cosh\lambda + \xi - 1 \right] + \frac{2}{3} \right\}$$

②各组件承担局部弯矩。

$$\frac{M_i}{M_p} = \frac{3E_i I_i}{\lambda^2 EI} \left[\frac{\lambda \sinh(\lambda\xi)}{\cosh\lambda} \left(\frac{1}{2} - \frac{\sinh\lambda}{\lambda} - \frac{1}{\lambda^2} \right) + \cosh(\lambda\xi) - 1 + \xi \right] = \eta_i^M \tag{3-59}$$

③各组件承担剪力。

$$\frac{V_i}{V_p} = \frac{1}{\lambda^2 EI} \left\{ 2E_i I_i \left[\frac{\lambda^2 \cosh(\lambda\xi)}{\cosh\lambda} \left(\frac{1}{2} - \frac{\sinh\lambda}{\lambda} - \frac{1}{\lambda^2} \right) + \lambda \sinh(\lambda\xi) + 1 \right] - \right.$$
$$\left. \beta_i \left[\frac{\cosh(\lambda\xi)}{\cosh\lambda} \left(1 - \frac{2\sinh\lambda}{\lambda} - \frac{2}{\lambda^2} \right) + \frac{2}{\lambda} \sinh(\lambda\xi) + \frac{2}{\lambda^2} + \xi^2 - 2\xi \right] \right\} = \eta_i^V$$
$$\tag{3-60}$$

④各组件承担轴力。

与顶层作用集中荷载分析方式相同,倒三角形荷载作用时,仅最外两边框柱承担轴力,其他组件轴力均为零。

$$N_1 = N(x) = bG \frac{h_1}{h_2} \frac{V_p H^2}{\lambda^2 EI} \left\{ \left(1 - \frac{2}{\lambda^2} - \frac{2}{\lambda} \sinh\lambda \right) \frac{\sinh(\lambda x)}{\lambda \cosh\lambda} + \right.$$
$$\left. x^2 \left(\frac{x}{3} - 1 \right) + \frac{2}{\lambda^2} \left[\cosh(\lambda x) + x - 1 \right] \right\} \tag{3-61}$$

3.2.3 计算分析

两跨(两块复合墙板、三根边框柱)型钢混凝土边框柱密肋复合墙体结构的几何参数见图 3-13。所有边框柱及肋梁柱均采用 C20 混凝土,填充砌块采用 500 级加气混凝土。材料力学性能均按相应规范设计值采用。根据《密肋复合板结构技术规程》(JGJ/T 275—2013),得出复合墙板等效剪切模量 $G = 1.125 \times 10^3 \, N/mm^2$,算得每块复合墙板等效抗弯刚度 $E_w I_w = 1.9 \times 10^{14} \, N/mm^2$,每个外框柱抗弯刚度 $E_c I_c = 5.3 \times 10^{13} \, N/mm^2$,系数 $A = 2.1 \times 10^8 \, N$。顶部作用集中荷载。

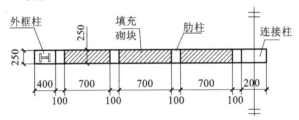

图 3-13　几何参数

通过式(3-56)计算可以得出,由于复合墙板的抗侧刚度远大于边框柱,从 $\lambda = 1$ 到 $\lambda = 10$,复合墙板所承担的剪力由 83% 降低到 72%,仅降低了 11%,因此,在集中荷载作用下,λ 对型钢混凝土边框柱密肋复合墙体结构中复合墙板和外框柱的剪力分配影响不大,其分配系数与抗弯刚度及截面宽度有关。图 3-14 所示为 $\lambda = 1(H = 3600 \, mm)$ 时,复合墙板及外框柱沿高度的剪力分配系数图。从图中可以看出,外框柱在底部分配的剪力较多,复合墙板在高处分配的剪力较多,但从高到低剪力分配系数变化并不大,因此在单层墙板试验中,裂缝首先出现的位置并不固定,有时在上部,有时在中部,在结构薄弱部位首先出现裂缝。对于多层墙板(GML-2、GML-3),裂缝首先出现在层间位移较大的墙板处。

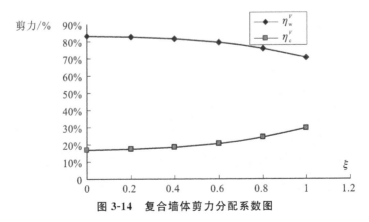

图 3-14　复合墙体剪力分配系数图

图 3-15 所示为复合墙板局部弯矩系数图(复合墙板与外框柱局部弯矩之和), 图中 η_{m-1} 代表的是 $\lambda=1$(墙高为 3.6m)时局部弯矩系数之和。从图中可看出,当 λ 较小时,各组件的局部弯矩效应很明显,$\lambda=1$ 时局部弯矩占总弯矩的 58%,但随着 λ 增大,局部弯矩效应越来越小,当 $\lambda=10$(墙高为 36m)时,局部弯矩效应只占总弯矩的 10%,大部分弯矩由两边的边框柱承担,这与文献[11]、[13]高层拟动力及振动台试验结果相符。在这批高层试验中,结构的破坏特征都是外框柱被压碎。这也说明随着高度增加,结构整体性更强,结构受力性能更接近悬壁梁。

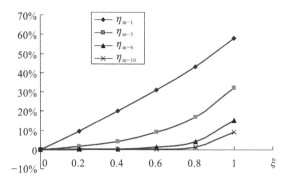

图 3-15 复合墙体局部弯矩系数图

 # 参考文献

[1] 黄炜. 密肋复合墙体抗震性能及设计理论研究[D]. 西安:西安建筑科技大学,2004.

[2] 王爱民. 中高层密肋壁板结构密肋复合墙体受力性能及设计方法研究[D]. 西安:西安建筑科技大学,2006.

[3] 周铁刚,黄炜,姚谦峰,等. 新型复合墙体在竖向荷载作用下的承载力研究[J]. 工业建筑,2005,35(8):56-59.

[4] 季日臣,张永亮,王军玺,等. 大型多纵梁矩形渡槽槽身横向结构计算[J]. 兰州交通大学学报:自然科学版,2004,123(4):5-8.

[5] 刘锡军. 组合砖墙在垂直荷载下的受力分析[J]. 工业建筑,1996,26(1):35-38.

[6] 姚文娟,叶志明. 不同模量理论弹性支承连续梁及框架[J]. 力学与实践,2004,26(4):37-41.

[7] 蔡四维. 弹性地基梁解法[M]. 上海:上海科学技术出版社,1962:58-60.

[8] 龙驭球,包世华. 结构力学教程[M]. 北京:高等教育出版社,2001:319-325.

[9] 彭明祥,刘辉东.带转动约束的弹性支承连续梁计算[J].广东土木与建筑,2003(11):35-37.

[10] 何明胜,姚谦峰,陈国新,等.密肋复合墙体轴压作用下受力及影响因素研究[J].工业建筑,2008,38(1):14-18.

[11] 姚谦峰,袁泉.小高层密肋壁板轻框结构模型振动台试验研究[J].建筑结构学报,2003,24(1):59-63.

[12] 姚谦峰,黄炜,田洁,等.密肋复合墙体受力机理及抗震性能试验研究[J].建筑结构学报,2004,25(6):67-74.

[13] 姚谦峰,贾英杰.密肋壁板结构十二层 1/3 比例房屋模型抗震性能试验研究[J].土木工程学报,2004,37(6):1-5,11.

[14] 黄炜,姚谦峰,章宇明,等.内填砌体的密肋复合墙体极限承载力计算[J].土木工程学报,2006,39(3):68-75.

[15] Mehrabi A B, Shing P B, Schuller, et al. Experimental evaluation of masonry-infilled RC frames[J]. Journal of Structural Engineering (ASCE), 1996, 122(3): 228-235.

[16] Al-Chaar G, Issa M. Behavior of masonry-infilled nonductile reinforced concrete frames[J]. Journal of Structural Engineering, 2015, 128(8): 1055-1063.

[17] 杨允表,景庆新,石洞.复合材料横隔式夹层梁的分析[J].同济大学学报:自然科学版,1999,27(2):207-211.

[18] 刘润泉,石勇,朱锡,等.夹层复合材料的弯曲理论分析与计算方法研究[J].玻璃钢/复合材料,2006,6:32-38.

4 型钢混凝土边框柱密肋复合墙体非线性有限元分析

型钢混凝土边框柱密肋复合墙体是由复合墙板(以截面及配筋较小的混凝土肋格为骨架,内嵌以加气混凝土轻质砌块预制而成)与隐形型钢混凝土框架整浇为一体,通过多种材料有机结合而形成的一种新的结构体系。由于该结构体系涉及的材料较多(混凝土、砌块、型钢、钢筋),多种组成材料材性间的差异及它们之间的协同工作能力等必然导致这种结构的受力性能复杂,影响因素较多。通过现有的试验研究并不能将所有的影响因素有效地包括,一般只是针对某一个或几个特定的参数进行试验研究,这就导致了研究的片面性。大量的研究与实践证明,有限元分析方法是一种非常有效的数值分析方法,不仅可以弥补试验分析需要大量人力、物力、财力的缺点,同时在已有试验研究的基础上进行有限元分析可以进一步从理论上探讨各种参数对结构受力性能的影响,减少试验数量,提高工作效率。

本章首先分别建立了型钢、混凝土、钢筋及填充砌块的非线性有限元分析理论模型,然后使用通用有限元程序 ANSYS 10.0,采用三维实体单元对型钢混凝土边框柱密肋复合墙体进行了三维建模。通过合理的单元选取和网格划分,较为精确地分析了该复合墙体的应力分布规律,模拟分析了单调荷载作用下节点的受力性能,并与试验结果进行对比以验证有限元分析的合理性。在此基础上通过有限元模型参数的调整进行了型钢混凝土边框柱密肋复合墙体的数值模拟计算,以进一步研究该结构的破坏模式及传力机理,为该结构的合理设计方法提供理论基础。

4.1 复合墙体非线性有限元理论基础

4.1.1 墙体中不同材料的本构模型

1.混凝土本构关系

混凝土的本构关系即为混凝土在多轴应力作用下的应力应变关系,国内外学者将混凝土的本构关系分为应力空间本构关系和应变空间本构关系,基于的理论框架主要有:弹性理论,非线性弹性理论,弹塑性理论,黏弹性、黏塑性理论,断裂力学理论,损伤力学理论和内时理论等。由于混凝土材料的复杂性,目前还没有一种理论被公认为可以完全描述混凝土材料的本构关系。

经典塑性理论分为全量理论和增量理论。全量理论试图直接建立全量式应力-应变关系,与路径无关,数学处理简单,但仅适用于简单加载情况;增量理论是描述材料在塑性状态时应力增量与应变增量之间关系的理论,可以记忆加载路径,应用广泛,但计算复杂。本书将采用混合强化 Mises 模式分析混凝土的弹塑性行为。

(1)屈服条件。

假定混凝土为 Von Mises 材料,并且初始各向同性,则初始屈服条件为:

$$F(\sigma_{ij}) = f - k = 0 \tag{4-1}$$

$$f = \frac{1}{2}\,\bar{\sigma}_{ij}\,\bar{\sigma}_{ij}, \quad k = \frac{1}{3}\sigma_s^2 \tag{4-2}$$

式中　　F——屈服函数。

　　　　σ_s——初始屈服应力。

　　　　$\bar{\sigma}_{ij}$——应力偏张量,即

$$\bar{\sigma}_{ij} = \sigma_{ij} - \sigma_m\delta_{ij}, \quad \sigma_m = \frac{1}{3}(\sigma_{11} + \sigma_{22} + \sigma_{33}) \tag{4-3}$$

其中,δ_{ij} 为 Kronecker delta(克罗内克函数)记号。

(2)流动法则。

假设总应变的增量由弹性和塑性两个增量部分组成,即:

$$d\varepsilon_{ij} = d\varepsilon_{ij}^e + d\varepsilon_{ij}^p \tag{4-4}$$

根据与 Von Mises 相关联的流动法则知:

$$d\varepsilon_{ij}^p = d\lambda\,\frac{\partial F}{\partial \sigma_{ij}} \tag{4-5}$$

其中,$d\lambda$ 为一非负的标量参数,具体数值与材料强化法则有关。

(3)强化法则。

将塑性应变增量分为两部分:

$$d\varepsilon_{ij}^p = d\varepsilon_{ij}^{p(i)} + d\varepsilon_{ij}^{p(k)} \tag{4-6}$$

式中　　$d\varepsilon_{ij}^{p(i)}$——与屈服面扩张,即与各向同性强化法则相关联的塑性应变增量。

　　　　$d\varepsilon_{ij}^{p(k)}$——与屈服面移动,即与运动强化法则相关联的塑性应变增量。

　　　　　　并且有

$$d\varepsilon_{ij}^{p(i)} = m d\varepsilon_{ij}^p, \quad d\varepsilon_{ij}^{p(k)} = (1 - m)d\varepsilon_{ij}^p \tag{4-7}$$

式中,m 是与材料有关的混合强化参数,且 $-1 < m \leqslant 1$。当 $m = 1$ 时,混合强化法则就退化为各向同性强化法则;当 $m = 0$ 时,混合强化法则就退化为运动强化法则。采用混合强化法则时,m 值由试验和计算比较而得,不同的材料有不同的 m 值,一

般在 $0\sim0.2$ 之间。为书写方便，下面统一用混合强化法则表达，只是对应不同的强化法则 m 取不同的值。

混合强化法则的后继屈服函数可以表示为

$$F(\sigma_{ij},\alpha_{ij},k) = f - k = 0 \tag{4-8}$$

$$f = \frac{1}{2}(\bar{\sigma}_{ij} - \bar{\alpha}_{ij})(\bar{\sigma}_{ij} - \bar{\alpha}_{ij}), \quad k = \frac{1}{3}\bar{\sigma}_s^2(\bar{\varepsilon}^p,m) \tag{4-9}$$

式中　$\bar{\sigma}_s$——后继屈服应力（即现实弹塑性应力）；

$\bar{\varepsilon}^p$——等效塑性应变；

$\bar{\alpha}_{ij}$——加载曲面的中心在应力空间的移动张量 α_{ij} 的偏斜分量，即

$$\bar{\alpha}_{ij} = \alpha_{ij} - \alpha_m \delta_{ij} \tag{4-10}$$

$$\alpha_m = \frac{1}{3}(\alpha_{11} + \alpha_{22} + \alpha_{33}) \tag{4-11}$$

根据 Prager 的运动强化法则，屈服面中心的移动张量 α_{ij} 只与运动强化有关，即

$$\mathrm{d}\alpha_{ij} = c\,\mathrm{d}\varepsilon_{ij}^{p(k)} = c(1-m)\mathrm{d}\lambda\varepsilon_{ij}^p = c(1-m)\mathrm{d}\lambda\frac{\partial f}{\partial \sigma_{ij}} = c(1-m)\mathrm{d}\lambda(\bar{\sigma}_{ij} - \alpha_{ij}) \tag{4-12}$$

式中，$\alpha_{ij} = \int \mathrm{d}\alpha_{ij} = c\varepsilon_{ij}^p$，当材料处于初始状态时，$\alpha_{ij} = 0$。考虑初始加载时运动强化法则应和各向同性强化法则等效，参数 c 可用材料塑性模量 E^p 表达：

$$c = \frac{2}{3}\frac{\mathrm{d}\bar{\sigma}_s}{\mathrm{d}\bar{\varepsilon}^p} = \frac{2}{3}E^p \tag{4-13}$$

对于 $\bar{\sigma}_s(\bar{\varepsilon}^p)$，可用简单拉伸时的应力和塑性应变来表示：

$$\mathrm{d}\bar{\sigma}_s = E^p \mathrm{d}\bar{\varepsilon}^{p(i)} = E^p m\,\mathrm{d}\bar{\varepsilon}^p \tag{4-14}$$

在多轴应力状态下的等效塑性应变增量为：

$$\mathrm{d}\bar{\varepsilon}^p = \left(\frac{2}{3}\mathrm{d}\varepsilon_{ij}^p\,\mathrm{d}\varepsilon_{ij}^p\right)^{\frac{1}{2}} = \mathrm{d}\lambda\left(\frac{2}{3}\frac{\partial F}{\partial \sigma_{ij}}\frac{\partial F}{\partial \sigma_{ij}}\right)^{\frac{1}{2}} \tag{4-15}$$

（4）本构关系。

由胡克定律知，线弹性本构关系为

$$\mathrm{d}\sigma_{ij} = D_{ij\mathrm{kL}}^e\,\mathrm{d}\varepsilon_{\mathrm{kL}}^e \tag{4-16}$$

式中　$D_{ij\mathrm{kL}}^e$——弹性本构矩阵的张量形式，即

$$D_{ij\mathrm{kL}}^e = 2G\left(\delta_{ik}\delta_{j\mathrm{L}} + \frac{\nu}{1-2\nu}\delta_{ij}\delta_{\mathrm{kL}}\right)$$

式（4-16）的矩阵形式为：

$$[\mathrm{d}\sigma] = [D]_e[\mathrm{d}\varepsilon] \tag{4-17}$$

$$\{d\sigma\} = \begin{bmatrix} d\sigma_{11} & d\sigma_{22} & d\sigma_{33} & d\sigma_{12} & d\sigma_{23} & d\sigma_{31} \end{bmatrix}^{\mathrm{T}} \quad (4\text{-}18)$$

$$\{d\varepsilon\} = \begin{bmatrix} d\varepsilon_{11} & d\varepsilon_{22} & d\varepsilon_{33} & 2d\varepsilon_{12} & 2d\varepsilon_{23} & 2d\varepsilon_{31} \end{bmatrix}^{\mathrm{T}} \quad (4\text{-}19)$$

$$[D]_e = D_0 \begin{bmatrix} 1 & & & & & \\ \dfrac{\nu}{1-\nu} & 1 & & 对 & & 称 \\ \dfrac{\nu}{1-\nu} & \dfrac{\nu}{1-\nu} & 1 & & & \\ 0 & 0 & 0 & \dfrac{1-2\nu}{2(1-\nu)} & & \\ 0 & 0 & 0 & 0 & \dfrac{1-2\nu}{2(1-\nu)} & \\ 0 & 0 & 0 & 0 & 0 & \dfrac{1-2\nu}{2(1-\nu)} \end{bmatrix} \quad (4\text{-}20)$$

$$D_0 = \frac{E(1-\nu)}{(1+\nu)(1-2\nu)}$$

E、G、ν 分别为混凝土的弹性模量、剪切模量和泊松比。

将式(4-4)、式(4-5)代入式(4-16),得

$$d\sigma_{ij} = D_{ij\mathrm{kL}}^e \left(d\varepsilon_{\mathrm{kL}} - d\lambda \frac{\partial F}{\partial \sigma_{\mathrm{kL}}} \right) \quad (4\text{-}21)$$

由式(4-3)知 $\dfrac{\partial f}{\partial \bar{\sigma}_{ij}} = \dfrac{\partial f}{\partial \sigma_{ij}}$,代入式(4-8)得

$$dF = \frac{\partial f}{\partial \sigma_{ij}} d\sigma_{ij} + \frac{\partial f}{\partial \alpha_{ij}} d\alpha_{ij} + \frac{dk}{d\varepsilon_{ij}^{p(i)}} d\varepsilon_{ij}^{p(i)} = 0 \quad (4\text{-}22)$$

由微分条件可得

$$\frac{\partial f}{\partial \alpha_{ij}} = -\frac{\partial f}{\partial \sigma_{ij}} \quad (4\text{-}23)$$

将式(4-12)、式(4-21)和式(4-23)代入式(4-22),可得

$$d\lambda = \frac{1}{g} B_{\mathrm{kL}} d\varepsilon_{\mathrm{kL}} \quad (4\text{-}24)$$

$$B_{\mathrm{kL}} = \frac{\partial f}{\partial \sigma_{ij}} D_{ij\mathrm{kL}}^e \quad (4\text{-}25)$$

$$g = \frac{\partial f}{\partial \sigma_{pq}} D_{pq\mathrm{Rs}}^e \frac{\partial f}{\partial \sigma_{\mathrm{Rs}}} + c(1-m) \frac{\partial f}{\partial \sigma_{mn}} \frac{\partial f}{\partial \sigma_{mn}} + m \frac{dk}{d\varepsilon^p} \left(\frac{2}{3} \frac{\partial f}{\partial \sigma_{\mathrm{Rs}}} \frac{\partial f}{\partial \sigma_{\mathrm{Rs}}} \right)^{\frac{1}{2}} \quad (4\text{-}26)$$

$$d\lambda = \frac{\left(\dfrac{\partial f}{\partial \{\sigma\}} \right)^{\mathrm{T}} [D]_e \{d\varepsilon\}}{\left(\dfrac{\partial f}{\partial \{\sigma\}} \right)^{\mathrm{T}} [D]_e \dfrac{\partial f}{\partial \{\sigma\}} + c(1-m) \left(\dfrac{\partial f}{\partial \{\sigma\}} \right)^{\mathrm{T}} \dfrac{\partial f}{\partial \{\sigma\}} + 2mE^p \bar{\sigma}_s \left[\dfrac{2}{3} \left(\dfrac{\partial f}{\partial \{\sigma\}} \right)^{\mathrm{T}} \dfrac{\partial f}{\partial \{\sigma\}} \right]^{\frac{1}{2}}}$$

$$(4\text{-}27)$$

式中

$$\frac{\partial f}{\partial \{\sigma\}} = \left[\frac{\partial f}{\partial \sigma_{11}} \quad \frac{\partial f}{\partial \sigma_{22}} \quad \frac{\partial f}{\partial \sigma_{33}} \quad \frac{\partial f}{\partial \sigma_{12}} \quad \frac{\partial f}{\partial \sigma_{23}} \quad \frac{\partial f}{\partial \sigma_{31}} \right]^{\mathrm{T}} \tag{4-28}$$

将式(4-24)代回式(4-21)，可得弹塑性本构关系：

$$\mathrm{d}\sigma_{ij} = D_{ij\mathrm{kL}}^{ep} \, \mathrm{d}\varepsilon_{\mathrm{kL}} = (D_{ij\mathrm{kL}}^{e} - D_{ij\mathrm{kL}}^{p}) \mathrm{d}\varepsilon_{\mathrm{kL}} \tag{4-29}$$

式中　$D_{ij\mathrm{kL}}^{ep}, D_{ij\mathrm{kL}}^{p}$——弹塑性本构矩阵和塑性本构矩阵的张量形式。

$$D_{ij\mathrm{kL}}^{p} = \frac{1}{g} B_{ij} B_{\mathrm{kL}} \tag{4-30}$$

将式(4-29)写成矩阵形式，即本构方程为：

$$[\mathrm{d}\sigma] = [D]_{ep}[\mathrm{d}\varepsilon] = ([D]_e - [D]_p)[\mathrm{d}\varepsilon] \tag{4-31}$$

式中　$[D]_e, [D]_{ep}, [D]_p$——弹性、弹塑性、塑性本构矩阵。

$$[D]_{ep} = [D]_e - [D]_p \tag{4-32}$$

$$[D]_p = \frac{[D]_e \frac{\partial f}{\partial \{\sigma\}} \left(\frac{\partial f}{\partial \{\sigma\}}\right)^{\mathrm{T}} [D]_e}{\left(\frac{\partial f}{\partial \{\sigma\}}\right)^{\mathrm{T}} [D]_e \frac{\partial f}{\partial \{\sigma\}} + c(1-m)\left(\frac{\partial f}{\partial \{\sigma\}}\right)^{\mathrm{T}} \frac{\partial f}{\partial \{\sigma\}} + 2mE^p \bar{\sigma}_s \left[\frac{2}{3}\left(\frac{\partial f}{\partial \{\sigma\}}\right)^{\mathrm{T}} \frac{\partial f}{\partial \{\sigma\}}\right]^{\frac{1}{2}}}$$

$$\tag{4-33}$$

(5)单轴荷载作用下混凝土本构关系。

在诸多混凝土的受压应力应变试验数值拟合的曲线方程中，有多项式、指数式、三角函数和有理分式等。本书采用《混凝土结构设计规范(2015年版)》(GB 50010—2010)附录C.2提供的混凝土在单轴受压状态下的应力-应变关系。式(4-34)～式(4-36)为混凝土的应力-应变关系的数学表达式。

当$\varepsilon \leqslant \varepsilon_c$时，即混凝土应力-应变曲线的上升段：

$$\sigma = f_c \left[\alpha_a \frac{\varepsilon}{\varepsilon_c} + (3 - 2\alpha_a) \frac{\varepsilon^2}{\varepsilon_c^2} + (\alpha_a - 2) \frac{\varepsilon^3}{\varepsilon_c^3} \right] \tag{4-34}$$

当$\varepsilon > \varepsilon_c$时，即混凝土应力-应变曲线的下降段：

$$\sigma = \frac{f_c^* \varepsilon}{\varepsilon_c \left[\alpha_d \left(\frac{\varepsilon}{\varepsilon_c} - 1 \right)^2 + \frac{\varepsilon}{\varepsilon_c} \right]} \tag{4-35}$$

式中　σ——混凝土压应力。

　　　ε——混凝土压应变。

　　　f_c^*——混凝土的单轴抗压强度值。

　　　ε_c——与f_c^*相应的混凝土峰值压应变，按《混凝土结构设计规范(2015年版)》(GB 50010—2010)附录C.2中表C.2.2采用，或按式(4-36)计算。

α_a,α_d——混凝土单轴受压应力-应变曲线上升段和下降段的参数值,按《混凝土结构设计规范(2015 年版)》(GB 50010—2010)附录 C.2 中表 C.2.1 取值。

ε_u——应力-应变曲线下降段上应力等于 $0.5f_c^*$ 时的混凝土压应变,按《混凝土结构设计规范(2015 年版)》(GB 50010—2002)附录 C.2 中表 C.2.1 采用。

$$\varepsilon_c = \left(700 + 172\sqrt{f_c^*}\right) \times 10^{-6} \tag{4-36}$$

$$\alpha_a = 2.4 - 0.0125 f_c^*, \quad \alpha_d = 0.157(f_c^*)^{0.785} - 0.905$$

$$\varepsilon_u = \frac{\varepsilon_c}{2\alpha_d}\left(1 + 2\alpha_d + \sqrt{1 + 4\alpha_d}\right)$$

2. 混凝土破坏准则

混凝土破坏准则是描述混凝土达到不能承受所要求的变形或承载能力的应力或应变状态的空间坐标曲线,是一个变形或应力的瞬时状态。在大量试验结果的基础上,国内外学者提出了众多的混凝土破坏准则,目前对混凝土材料应用较多的是四参数准则和五参数准则。四参数准则和五参数准则能较好地反映混凝土三轴应力状态下的破坏特征,具有足够的精度,本书采用了 William-Warnke 五参数破坏准则作为混凝土强度准则,其表达式为:

$$\frac{F}{f_c} - S \geqslant 0 \tag{4-37}$$

式中　F——与应力状态$(\sigma_x,\sigma_y,\sigma_z)$有关的函数;

　　　S——与基本应力状态$(\sigma_x,\sigma_y,\sigma_z)$和混凝土材料参数$(f_c,f_t,f_{cb},f_1,f_2)$相关的破坏面函数;

　　　f_c——混凝土单向轴心抗压极限强度。

其中,f_t 为混凝土单向轴心抗拉极限强度;f_{cb}为混凝土双向轴心抗压极限强度;f_1为在双向静水压力作用下混凝土轴心抗压极限强度;f_2 为在单向静水压力作用下混凝土轴心抗压极限强度。

根据文献[15]研究结果,混凝土在多轴应力作用下的强度取值为:

$$f_{cb} = 1.2f_c \tag{4-38}$$

$$f_1 = 1.45f_c \tag{4-39}$$

$$f_2 = 1.725f_c \tag{4-40}$$

上述方程应满足:

$$|\sigma_h| \leqslant \sqrt{3}f_c \tag{4-41}$$

$$\sigma_h = \frac{1}{3}(\sigma_1 + \sigma_2 + \sigma_3) \tag{4-42}$$

令 $\sigma_1 > \sigma_2 > \sigma_3$，则混凝土破坏可以分成以下四种形式：

① $0 \geqslant \sigma_1 \geqslant \sigma_2 \geqslant \sigma_3$，压—压—压破坏；

② $\sigma_1 \geqslant 0 \geqslant \sigma_2 \geqslant \sigma_3$，拉—压—压破坏；

③ $\sigma_1 \geqslant \sigma_2 \geqslant 0 \geqslant \sigma_3$，拉—拉—压破坏；

④ $\sigma_1 \geqslant \sigma_2 \geqslant \sigma_3 \geqslant 0$，拉—拉—拉破坏。

在上述四种情况下 F、S 表示如下。

① 当 $0 \geqslant \sigma_1 \geqslant \sigma_2 \geqslant \sigma_3$ 时：

$$F = F_1 = \sqrt{\frac{2}{5}J_2} = \frac{1}{\sqrt{15}}\left[(\sigma_1 - \sigma_2)^2 + (\sigma_2 - \sigma_3)^2 + (\sigma_3 - \sigma_1)^2\right]^{1/2}$$

$$(4\text{-}43)$$

$$S = S_1 = \frac{2r_2(r_2^2 - r_1^2)\cos\eta + r_2(2r_1 - r_2)\left[4(r_2^2 - r_1^2)\cos^2\eta + 5r_1^2 - 4r_1 \cdot r_2\right]^{1/2}}{4(r_2^2 - r_1^2)\cos^2\eta + (r_2 - 2r_1)^2}$$

$$(4\text{-}44)$$

式中

$$\cos\eta = \frac{2\sigma_1 - \sigma_2 - \sigma_3}{\sqrt{2}\left[(\sigma_1 - \sigma_2)^2 + (\sigma_2 - \sigma_3)^2 + (\sigma_3 - \sigma_1)^2\right]^{1/2}} \qquad (4\text{-}45)$$

拉压子午线方程：

$$r_1 = a_0 + a_1 \cdot \xi + a_2 \cdot \xi^2 \qquad (4\text{-}46)$$

$$r_2 = b_0 + b_1 \cdot \xi + b_2 \cdot \xi^2 \qquad (4\text{-}47)$$

$$\xi = \frac{\sigma_h}{f_c} \qquad (4\text{-}48)$$

式中 ξ——平均应力与单轴抗压强度的比值。

式(4-46)中系数 a_0、a_1、a_2 由以下齐次方程确定：

$$\left\{\begin{array}{l} \dfrac{F_1}{f_c}(\sigma_1 = f_t, \sigma_2 = \sigma_3 = 0) \\[2mm] \dfrac{F_1}{f_c}(\sigma_1 = f_t, \sigma_2 = \sigma_3 = -f_{cb}) \\[2mm] \dfrac{F_1}{f_c}(\sigma_1 = -\sigma_h^a, \sigma_2 = \sigma_3 = -\sigma_h^a - f_1) \end{array}\right\} = \begin{bmatrix} 1 & \xi_t & \xi_t^2 \\ 1 & \xi_{cb} & \xi_{cb}^2 \\ 1 & \xi_1 & \xi_1^2 \end{bmatrix} \left\{\begin{array}{c} a_0 \\ a_1 \\ a_2 \end{array}\right\} \qquad (4\text{-}49)$$

式中

$$\xi_t = \frac{f_t}{3f_c}, \quad \xi_{cb} = \frac{2f_{cb}}{3f_c}, \quad \xi_1 = \frac{\sigma_h^a}{f_c} - \frac{2f_1}{3f_c}$$

式(4-47)中系数 b_0、b_1、b_2 由以下齐次方程确定：

$$\left.\begin{array}{l}\dfrac{F_1}{f_c}(\sigma_1 = \sigma_2 = 0, \sigma_3 = -f_c)\\[2mm]\dfrac{F_1}{f_c}(\sigma_1 = \sigma_2 = -\sigma_h^a, \sigma_3 = -\sigma_h^a - f_2)\end{array}\right\} = \begin{bmatrix} 1 & -\dfrac{1}{3} & \dfrac{1}{9}\\ 1 & \xi_2 & \xi_2^2\\ 1 & \xi_0 & \xi_0^2 \end{bmatrix}\begin{Bmatrix} b_0\\ b_1\\ b_2 \end{Bmatrix} \quad (4\text{-}50)$$

式中

$$\xi_2 = \frac{-\sigma_h^a}{f_c} - \frac{f_2}{3f_c} \tag{4-51}$$

ξ_0 满足方程 $a_0 + a_1\xi_0 + a_2\xi_0^2 = 0$，且 $\xi_0 > 0$，因为破坏面为凸面，所以应该有：

$0.5 < r_1/r_2 < 1.25$，$a_0 > 0$，$a_1 \leqslant 0$，$a_2 \leqslant 0$，$b_0 > 0$，$b_1 \leqslant 0$，$b_2 \leqslant 0$

整理上述确定系数的方程并代入式(4-38)~式(4-40)得到拉压子午线方程：

$$r_1 = 0.081143 - 0.52553\xi - 0.03785\xi^2, \quad \eta = 0° \tag{4-52}$$

$$r_2 = 0.11845 - 0.76444\xi - 0.07305\xi^2, \quad \eta = 60° \tag{4-53}$$

这时若破坏准则成立，则混凝土压碎。

② 当 $\sigma_1 \geqslant 0 \geqslant \sigma_2 \geqslant \sigma_3$ 时：

$$F = F_2 = \frac{1}{\sqrt{15}}\big[(\sigma_2 - \sigma_3)^2 + \sigma_2^2 + \sigma_3^2\big]^{1/2} \tag{4-54}$$

$$S = S_2 =$$
$$\left(1 - \frac{\sigma_1}{f_t}\right)\frac{2R_2(R_2^2 - R_1^2)\cos\eta + R_2(2R_1 - R_2)\big[4(R_2^2 - R_1^2)\cos^2\eta + 5R_1^2 - 4R_1R_2\big]^{1/2}}{4(R_2^2 - R_1^2)\cos^2\eta + (R_2 - 2R_1)^2}$$
$$\tag{4-55}$$

式中

$$r_1 = 0.081143 - 0.50553\xi - 0.03785\xi^2, \quad \eta = 0° \tag{4-56}$$

$$r_2 = 0.11845 - 0.76444\xi - 0.07305\xi^2, \quad \eta = 60° \tag{4-57}$$

$$\xi = \frac{1}{3}(\sigma_2 + \sigma_3)/f_c \tag{4-58}$$

其余符号意义同前。

这时若破坏准则成立，则与 σ_1 垂直的平面开裂。

③ 当 $\sigma_1 \geqslant \sigma_2 \geqslant 0 \geqslant \sigma_3$ 时：

$$F = F_3 = \sigma_i \quad (i = 1, 2) \tag{4-59}$$

$$S = S_3 = \frac{f_t}{f_c}\left(1 + \frac{\sigma_3}{f_c}\right) \tag{4-60}$$

这时若破坏准则成立，则与 σ_i 垂直的平面开裂。

④ 当 $\sigma_1 \geqslant \sigma_2 \geqslant \sigma_3 \geqslant 0$ 时：

$$F = F_4 = \sigma_i \quad (i = 1, 2, 3) \tag{4-61}$$

$$S = S_4 = \frac{f_t}{f_c} \tag{4-62}$$

这时若破坏准则成立,则与 σ_i 垂直的平面
开裂。

3. 钢材(钢筋、型钢)本构模型

钢材采用理想弹塑性模型,如图 4-1 所示,采用
Mises 屈服准则,随动强化准则以及关联流动法则。
对于钢筋单元,认为只承受轴向拉压而不承受横向
剪切。用 Von Mises 屈服准则来判断钢材是否屈
服,若 $[\sigma_{ss}] > f_y$ 则认为钢筋屈服,从而进入塑性阶
段,$[\sigma_{ss}]$ 表示主拉应力。

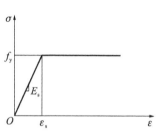

图 4-1 钢材本构模型

4. 加气混凝土砌块本构模型

(1)加气混凝土砌块的本构关系和破坏准则。

加气混凝土砌块是一种具有多孔结构的人造石材,其内部均匀地分布着无数
微小的气孔,其力学性能与普通混凝土相似,但是质更"脆"。本书仍将采用混合强
化 Mises 模式和 William-Warnke 五参数破坏准则分析加气混凝土砌块的弹塑性
行为(与混凝土相同),同时提出体现加气混凝土砌块特性的单轴本构关系用于有
限元分析。

(2)单轴荷载作用下砌块的本构关系。

轻质加气混凝土砌块是一种多孔材料,关于多孔材料本构关系的研究不多,但
是轻质加气混凝土砌块在框架填充墙结构和密肋复合墙体结构中的应用较广。文
献[15]在轻质加气混凝土砌块单轴受压试验基础上,建立轻质加气混凝土砌块单
轴受压本构模型。由于轻质加气混凝土砌块的峰值应力存在较大的离散性,残余
强度为 30%～45%,从结构安全的角度考虑,给出轻质加气混凝土砌块残余强度
35% 的单轴受压本构方程如下。

轻质加气混凝土砌块单轴受压应力-应变关系数学表达式:

$$\sigma = \sigma_0 \left[1.3\left(\frac{\varepsilon}{\varepsilon_0}\right) - 0.3\left(\frac{\varepsilon}{\varepsilon_0}\right)^3 \right] \quad (0 < \varepsilon \leqslant \varepsilon_0) \tag{4-63}$$

$$\sigma = \sigma_0 \frac{1 - 1.2\left(\frac{\varepsilon}{\varepsilon_0}\right)}{3.5 - 3.7\left(\frac{\varepsilon}{\varepsilon_0}\right)} \quad (\varepsilon_0 \leqslant \varepsilon \leqslant \varepsilon_u) \tag{4-64}$$

基本参数可按下式确定:

$$\sigma_0 = 0.85 f_{ck} = 2.55, \quad \varepsilon_0 = 0.0025, \quad \varepsilon_u = 0.004$$

式中　σ_0——轻质加气混凝土砌块的峰值应力,取其轴心抗压强度设计值;

f_{ck}——轻质加气混凝土砌块的抗压强度标准值；

ε_0，ε_u——轻质加气混凝土砌块的峰值应变以及极限压应变。

4.1.2 复合墙体中裂缝的处理

混凝土和加气混凝土砌块最重要的特征之一是它们的抗拉强度很低，故在很多情况下复合墙体是带裂缝工作的，裂缝引起周围应力的突然变化和刚度降低，是复合墙体非线性有限元分析的重要因素。因为本书所采用的混凝土和加气混凝土砌块具有相似的本构模型，所以这里只介绍混凝土裂缝的处理，加气混凝土砌块裂缝的处理同理。

目前，混凝土裂缝处理的方法很多，常用的混凝土裂缝有限元模型有 4 种：①离散裂缝模型；②分布裂缝模型；③薄层单元裂缝模型；④断裂力学裂缝模型。其中，分布裂缝模型不是直观地模拟裂缝，而是在力学上模拟裂缝的作用，其实质是以分布的裂缝代替单独的裂缝，即在出现裂缝以后，仍假定材料是连续的，仍可用处理连续介质力学的方法来处理。这种模型假定某一单元内的应力（实际上是某一代表点的应力）超过了开裂应力，则认为整个单元开裂；并且认为在垂直于引起开裂的拉应力方向形成了无数平行的裂缝，而不是一条裂缝，也即认为裂缝是分布于整个单元内部的、微小的、彼此平行的而且是"连续"的。这样，可以把开裂单元处理为正交异性材料，这种处理方法由于不必增加结点和重新划分单元，很容易由计算机来自动进行，所以得到了广泛的应用。ANSYS 程序设计也采用了混凝土分布裂缝模型，并将裂缝处理分为开裂的处理和压碎的处理。

1. 混凝土开裂模型

混凝土开裂后采用应力释放和自适应下降相结合的方法，模拟混凝土开裂过程，如图 4-2 所示。图中，f_t 为混凝土的抗拉强度，T_c 为最大主应力 σ_1 释放系数。

（1）单方向开裂与裂缝闭合的处理方法。

开裂后最大主应力 σ_1 被部分释放，这部分应力被转化为不平衡荷载参与迭代求解，开裂后开裂面上的抗剪能力会降低，引入修正系数 β_t 和 β_c 分别考虑开裂面和闭合面抗剪能力的降低。T_c 的取值与混凝土中弥散钢筋数量有关，结合所研究构件的特征，本书取应力释放系数 T_c 为 0；β_t 和 β_c 的取值与混凝土特性、裂缝宽度

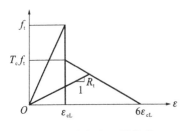

图 4-2 混凝土开裂处理

以及裂缝法向拉应变有关，本书取开裂面抗剪修正系数 β_t 为 0.3，闭合面抗剪修正系数 β_c 为 0.55。开裂后裂缝单元的刚度矩阵可表示为：

$$[D_c^{ck}] = \frac{E}{1+\nu} \begin{bmatrix} \dfrac{R_t(1+\nu)}{E} & & & & & \\ 0 & \dfrac{1}{1-\nu} & & \text{对} \quad \text{称} & & \\ 0 & \dfrac{\nu}{1-\nu} & \dfrac{1}{1-\nu} & & & \\ 0 & 0 & 0 & \dfrac{\beta_t}{2} & & \\ 0 & 0 & 0 & 0 & \dfrac{1}{2} & \\ 0 & 0 & 0 & 0 & 0 & \dfrac{\beta_t}{2} \end{bmatrix} \tag{4-65}$$

式中　ν——混凝土泊松比；

　　　　E——弹性模量。

当裂缝又闭合时,开裂面的压应力通过裂缝正常传递,而开裂面的剪力有一定的降低,用闭合面抗剪修正系数 β_c 来考虑抗剪强度的修正。这时裂缝单元的刚度矩阵可表示为:

$$[D_c^{ck}] = \frac{E}{(1+\nu)(1-2\nu)} \begin{bmatrix} 1-\nu & & & & & \\ \nu & 1-\nu & & \text{对} \quad \text{称} & & \\ \nu & \nu & 1-\nu & & & \\ 0 & 0 & 0 & \beta_c\dfrac{1-2\nu}{2} & & \\ 0 & 0 & 0 & 0 & \dfrac{1-2\nu}{2} & \\ 0 & 0 & 0 & 0 & 0 & \beta_c\dfrac{1-2\nu}{2} \end{bmatrix}$$

$$\tag{4-66}$$

(2)混凝土沿两个方向开裂与闭合的处理方法。

当两个方向裂缝都张开时,裂缝单元的刚度矩阵可表示为:

$$[D_c^{ck}] = E \begin{bmatrix} \dfrac{R_t}{E} & & & & & \\ 0 & \dfrac{R_t}{E} & & \qquad 对 \qquad 称 & & \\ 0 & 0 & 1 & & & \\ 0 & 0 & 0 & \dfrac{\beta_t}{2(1+\nu)} & & \\ 0 & 0 & 0 & 0 & \dfrac{\beta_t}{2(1+\nu)} & \\ 0 & 0 & 0 & 0 & 0 & \dfrac{\beta_t}{2(1+\nu)} \end{bmatrix} \qquad (4\text{-}67)$$

如果裂缝单方向闭合,另一方向裂缝张开时,这时裂缝单元的刚度矩阵可表示为:

$$[D_c^{ck}] = \begin{bmatrix} R_t & & & & & \\ 0 & \dfrac{E}{1-\nu^2} & & \qquad 对 \qquad 称 & & \\ 0 & \dfrac{E}{1-\nu^2} & \dfrac{E}{1-\nu^2} & & & \\ 0 & 0 & 0 & \beta_t \cdot G & & \\ 0 & 0 & 0 & 0 & \beta_t \cdot G & \\ 0 & 0 & 0 & 0 & 0 & \beta_t \cdot G \end{bmatrix} \qquad (4\text{-}68)$$

式中 G——混凝土剪切模量。

如果两个方向裂缝全部闭合,这时裂缝单元的刚度矩阵可表示为式(4-66)。

(3)混凝土沿三个方向开裂与闭合的处理方法。

当三个方向裂缝都张开时,裂缝单元的刚度矩阵可表示为式(4-67)。

当三个方向裂缝都闭合时,裂缝单元的刚度矩阵可表示为式(4-66)。

(4)积分点上裂缝的开裂和闭合是通过一个开裂应变 ε_{ck}^{ck} 来判断的:

①$\varepsilon_{ck}^{ck} > 0$,认为裂缝张开。

②$\varepsilon_{ck}^{ck} \leqslant 0$,认为裂缝闭合。

③ε_{ck}^{ck} 的表达式为:

$$\varepsilon_{ck}^{ck} = \begin{cases} \varepsilon_x^{ck} + \dfrac{\nu}{1+\nu}\varepsilon_y^{ck} + \varepsilon_z^{ck} & (未裂) \\ \varepsilon_x^{ck} + \nu\varepsilon_z^{ck} & (y\ 方向开裂) \\ \varepsilon_x^{ck} & (y、z\ 方向都开裂) \end{cases} \qquad (4\text{-}69)$$

式中 $\varepsilon_x^{ck}, \varepsilon_y^{ck}, \varepsilon_z^{ck}$——开裂方向上的三个正交应变分量。

2.混凝土压碎模型

在单轴、双轴、三轴压力作用下,如果在某一积分点混凝土满足破坏准则条件,则认为混凝土压碎。这时该积分点所在单元的刚度退化为零,该单元刚度对整体刚度的贡献可以忽略不计,并且发生应力转移。

4.1.3 复合墙体中不同材料的联结问题

1.钢筋与混凝土的联结

目前处理钢筋混凝土非线性有限元的单元模型主要有三种方式:分离式、组合式和整体式。

分离式模型是将钢筋混凝土结构构件离散成混凝土单元模型、钢筋单元模型以及钢筋和混凝土之间的联系单元模型,通过彼此之间的节点连接,集成构件总刚度矩阵,从而进行有限元分析。组合式模型假定钢筋与混凝土之间充分黏结,无任何黏结滑移或滑移量很小以致可以忽略。组合式模型包括常见的纤维单元和层单元以及钢筋混凝土复合单元。组合单元的刚度等于各子单元刚度之和。整体式模型认为钢筋弥散于整个单元中,综合的单元弹性矩阵为混凝土和钢筋两者的弹性矩阵之和,即$[D]=[D_c]+[D_s]$。在整体式有限元模型中,将钢筋分布于整个单元中,并把单元视为连续均匀材料,这样可求得单元刚度矩阵。与分离式模型不同,整体式模型求出的是综合了混凝土与钢筋单元的刚度矩阵,这一点与组合式模型相同。但与组合式模型不同之处在于,它不是先分别求出混凝土与钢筋对单元刚度的贡献然后组合,而是一次求得综合的单元刚度矩阵。

本书对复合墙体受力的全过程进行有限元分析,不仅需要描述墙体的破坏过程、破坏形态,还要对墙体各个阶段的内力和极限承载能力做出评估,而钢筋应力、应变的发展对其作用是至关重要的,所以本书采用分离式模型。同时,复合墙体的有限元模型非常复杂,本书又偏重于研究构件的整体性能,故不考虑钢筋和混凝土之间的联系单元模型,而认为它们之间是完全固结的。

2.混凝土与砌块的联结

复合墙体混凝土框格和砌块的联结有两种方法:①在两者之间设置接触单元;②认为两者完全固结,但分别考虑混凝土与砌块的开裂影响。

(1)设置接触单元。

接触问题是一种状态非线性问题。接触问题存在两个难点:①在接触问题中边界条件不是在计算前就给出的,它们是计算的结果,两接触体间的面积与压力分布随外荷载变化而变化,并与接触体的刚度有关;②大多的接触问题需要计算摩擦,而摩擦的存在使接触问题变得难以收敛。在混凝土与砌块之间设置接触单元就是在两者的接触面上覆盖一层无厚度的单元,它的存在可以模拟混凝土与砌块

之间在出现裂缝后法向只受压不受拉和切向存在摩擦力的受力特点。本书如果采用接触单元,存在以下问题:

①复合墙体模型变得十分复杂,既要设置接触面,又要细化接触部位的网格划分。

②计算费时,且不易收敛。

③复合墙体在制作时,混凝土框格和砌块整浇在一起,故两者之间在出现裂缝前法向仍存在一定的拉应力,接触单元的使用忽略了它们之间的拉应力,会给计算结果造成一定的误差。

④混凝土与砌块之间的摩擦系数不易设定。

(2)固结处理。

本书对混凝土与砌块的联结采用固结处理,其优点如下:

①复合墙体模型变得比较简单,计算时间较少,容易收敛。

②因为混凝土与砌块的本构模型考虑了裂缝的处理,并规定了开裂面抗剪修正系数和闭合面抗剪修正系数,所以,固结处理不仅可以真实地模拟混凝土与砌块之间在出现裂缝前的三维应力状况,还可以模拟两者在出现裂缝后法向只受压不受拉和切向存在摩擦力的受力特点。

4.2　计算模型选取

本书采用通用有限元程序 ANSYS 对复合墙体进行非线性有限元分析。ANSYS 程序功能强大,建模直观,使用方便,结构部分主要包括前处理、计算、后处理以及优化设计等功能,比较适用于复合墙体的全过程有限元分析。

4.2.1　单元及材料模型

1.混凝土单元模型

本书采用的混凝土单元是八节点实体单元 Solid 65。此单元在多轴应力状态下采用 William-Warnke 五参数破坏准则,并可以考虑混凝土单元的开裂和压碎。在 ANSYS 程序设计时,对混凝土 Solid 65 进行了以下基本假定:

①在每一个节点处允许沿三个垂直方向开裂;

②在开裂节点处用连续的模糊裂缝带代替离散的裂缝;

③混凝土为各向同性材料;

④在混凝土开裂和压碎之前,混凝土具有塑性特征。

2.钢筋单元模型

采用具有拉、压性能的三维杆单元 Link 8 来代表混凝土中的钢筋。这种三维杆单元是杆轴方向的拉压单元,每个节点具有三个自由度:沿节点坐标系 x、y、z 方向的平动。本单元不承受弯矩,具有塑性、蠕变、膨胀、应力刚化、大变形、大应变功能。

3. 砌块单元模型

砌块单元也采用八节点实体单元 Solid 65。砌块开裂后采用应力释放和自适应下降相结合的方法,模拟砌块开裂过程。本书取应力释放系数 T_c 为 0;β_t 和 β_c 的取值与砌块特性、裂缝宽度以及裂缝法向拉应变有关,本书取开裂面抗剪修正系数 β_t 为 0.2,闭合面抗剪修正系数 β_c 为 0.9。

4. 型钢单元模型

本书采用型钢单元为 Shell 181 壳单元。该单元具备弯曲和膜的特性,能承受平面内和法线方向的荷载。该单元在节点上有 6 个自由度:节点 x、y、z 方向的平动和绕节点 x、y、z 方向的旋转。它也具备了应力硬化和大变形功能。

5. 材料模式

墙体中的混凝土、砌块、钢筋及型钢分别采用本章中所规定的本构关系和破坏准则。

4.2.2 计算模型

1. 建模

墙体模型分为 5 个部分,即砌块,暗梁、边框柱,肋梁、肋柱,纵筋,型钢。为了便于分析研究,墙体有限元网格采用正交等间距划分,建模时,先建混凝土和砌块实体单元,再捕捉关键节点建立钢筋杆单元和型钢壳单元。

2. 荷载

计算分为两个荷载步,以模拟墙体试验时的加载制度。第一步作竖向加载有限元分析,一次性加载;在此基础上,第二荷载步施加水平荷载,分级、逐步加载,可以较详细地了解构件的受力全过程,并有利于非线性求解的收敛。

3. 位移边界条件

(1)不考虑墙体平面外位移。

(2)墙体底部的两端边框柱与底梁完全固结。

(3)底部肋梁与底梁为铰接,即底梁只约束底部肋梁的竖向荷载。由于在实际试件制作中,底部肋梁只通过坐浆层与底梁连接,坐浆层的抗剪强度很低,基本不能约束复合墙板的水平移动,因此上述处理比较符合实际。

4. 求解策略

材料的应力-应变关系是非线性的,刚度矩阵中各量不再是常数,而是应变的函数。这类非线性问题的求解方法分为三种:增量法、直接法和混合法。

(1)增量法是把荷载划分为许多荷载增量,这些增量可以相等,也可以不相等。计算时,每个计算步施加一个增量荷载,并按照线性近似求解。增量法的优点是适用范围广,可以提供荷载-位移过程曲线;缺点是耗费机时较多,同时难以估计误差。

(2)直接法是一次将荷载全部施加,然后通过迭代求解,故又称为迭代法。它的计算量比增量法小一些,对精度也能加以控制;但直接法不能给出荷载-位移曲线,适用范围小。

(3)混合法是同时利用增量法和直接法求解,即把总荷载分为若干步,在每一步中又按直接法迭代求解。此法在一定程度上包含以上两种方法的优点,并避免了两者的缺点。

本书应用的是 ANSYS 提供的增量求解法。另外,为了模拟混凝土开裂后应力软化和混凝土压碎后的单元负刚度问题,可以采用自适应下降方法用于混凝土开裂后的应力释放,避免出现一次超额应力释放而引起一连串单元应力释放的问题,有利于计算尽快收敛。

5.收敛准则

在 ANSYS 程序中,对增量方程的平衡迭代采用牛顿-拉普森法,它可以克服直接迭代过程中误差积累的情况,可以迫使在每一个荷载增量的末端达到平衡收敛,且本书采用力和位移相结合的收敛准则。

4.3　有限元分析程序验证及分析

4.3.1　三维实体单元模型

各试件有限元模型的几何尺寸、材料参数均取自试验实测数值,如表 2-3～表 2-12 所示。本书采用直接建立有限元模型的方法,采用 APDL 参数化命令程序编写命令流建立节点三维有限元模型,即先确定各个节点的位置,以及各单元的形状、尺寸,再定义实体模型,而不必建立几何模型。这样处理可以方便模型的修改、检查,而且可使用控制命令方便随时改变参数文件进行数值模拟。

本书试件有限元模型是由边框梁柱、肋梁柱、砌块、型钢和钢筋五部分组成,为了得到受力过程中各部分的应力、应变分布规律,选用分离式有限元模型,即边框梁柱、肋梁柱、砌块、型钢、钢筋分别选用不同的单元,不考虑型钢与混凝土及钢筋与混凝土之间的黏结滑移作用。

表 4-1 所示为有限元模型中各种材料相关参数的设置,图 4-3 所示为 GML-1、GML-2、GML-3 三个墙体试件的有限元计算模型。

表 4-1   有限元模型中相关参数设置

材料	单元类型	备注
混凝土	Solid 65 单元	边框梁柱与肋梁柱对应不同材料特性
型钢	Shell 181 单元	
钢筋	Link 8 单元	边框梁柱与肋梁柱纵筋分别对应不同实常数
砌块	Solid 65 单元	

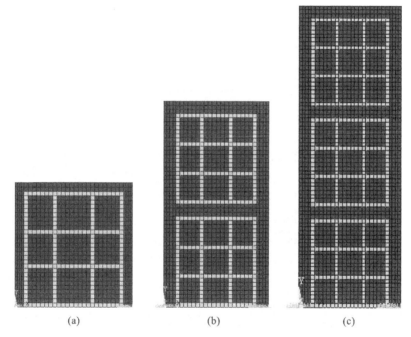

(a)   (b)   (c)

图 4-3　试件有限元计算模型

(a)GML-1;(b)GML-2;(c)GML-3

4.3.2　水平单调加载的非线性有限元分析

按照上述建模及求解过程,对本书试验研究的三个墙体试件进行单调加载的三维非线性有限元模拟分析,以考察其内力分布情况和破坏机理,并与试验结果进行比较。所有试件有限元模型及加载条件严格按照试验方案进行,上部所加竖向荷载取 110kN。为防止 GML-3 平面外失稳,在二层框梁处加设 z 向约束。

开裂计算是工程中比较关心的问题,但一直是有限元分析的一个难点,涉及材料本构、计算收敛性等诸多问题。

由于密肋复合墙体中填充砌块在荷载较小情况下会开裂,这在很大程度上增加该结构在有限元计算中的收敛性。本书采取了以下措施以改善有限元计算的收敛性:①激活非线性模块(~CFACTIV,NLC,Y),这是非线性计算的前提。②即使事实上为小变形,也必须打开几何非线性效应(NLGEOM,ON),否则无法激活非线性迭代。③关闭求解控制(SOLCONTROL,OFF),非线性计算是通过修改实常数方法的等效方法,自动求解控制反而可能导致发散。④增加子步数,打开自动步长(AUTOTS,ON),并给定一个比较大的迭代数(NEQIT,NUM),本试验设置为1,以改善收敛,线性搜索有时也可以改善收敛(LNSRCH,ON)。⑤有些情况下上述调整可能仍然无法保证收敛,这通常发生在一些开裂、受压区状态转换的临界点,尤其在动力分析中更易出现,可以结合两个办法克服,一种方法是放松收敛准则(CNVTOL),本试验设置为0.05,开裂分析状态变化剧烈,往往是接近收敛但出现振荡,放松收敛可以保证在较松的准则下收敛,但可得到足以满足要求的结果;另一种方法是在未收敛情况下仍然继续下一步计算(NCNV,0),不收敛往往发生在一些临界点,该命令可以保证跳过这些点,而后续荷载步往往可以迅速收敛,只要结构事实上具有平衡状态,没有失效,则这种处理不会影响总体结果。

以上设置明显改善了该结构有限元计算的收敛性,但这将导致有限元计算持续很长时间,其计算荷载会一直持续缓慢增加,直到计算所设定的终止步或者达到结构由于过度破坏已不能再收敛而终止,最后计算终止时所得到的荷载及位移并不是实际中结构破坏所需要的结果。

通过型钢混凝土柱密肋复合墙体及普通密肋复合墙体的试验研究可得出,当中间肋梁钢筋达到屈服应变(荷载)或者边框柱柱脚混凝土达到最大压应变时,复合墙体即达到了最大承载力。因此,根据这些研究,本书在所有试件有限元计算中,取当所有中间肋梁钢筋达到屈服应变(荷载)或者边框柱柱脚混凝土达到最大压应变时的荷载及位移为结构计算的最大荷载及位移。通过以下分析可得出,采用这种方法所得到的有限元计算结果与试验结果吻合较好。

1. 荷载-位移(P-Δ)曲线

三个墙体试件的墙顶水平荷载-位移(P-Δ)曲线如图 4-4 所示,其中顶部水平荷载为有限元模型底支座处截面上施加了约束的各节点 x 向反力的叠加,墙顶位移为墙顶 x 向位移。图 4-5 所示为墙体骨架曲线试验值与计算值对比。表 4-2 所示为最大荷载、最大荷载对应位移有限元试验值与计算值的比较。

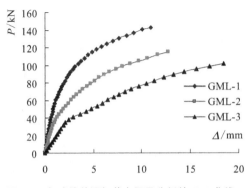

图 4-4 各试件单调加载有限元分析的 P-Δ 曲线

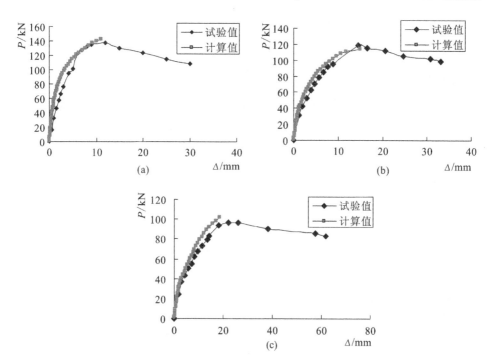

图 4-5　墙体骨架曲线试验值与计算值对比

(a)GML-1；(b)GML-2；(c)GML-3

表 4-2　试件最大荷载及最大荷载对应位移试验值与有限元计算结果的对比

试件编号	荷载			位移		
	试验值/kN	计算值/kN	与试验误差/%	试验值/mm	计算值/mm	与试验误差/%
GML-1	137.1	143	3.6	11.06	10.8	−2.3
GML-2	118.3	114.5	−2.5	14.5	14.8	2.1
GML-3	96.94	101.7	5.5	22.1	18.5	−16.3

对比分析上述的计算结果,可以得出以下结论:

(1)有限元计算结果和试验所测得的各项指标能够较好地吻合,说明本书提出的有限元模型和简化是合理的。

(2)有限元计算所得试件的刚度较试验值大,这主要是由于试验时支座和各支承处不可能达到理论分析时的绝对刚性,有限元分析未考虑钢筋与混凝土之间及砌块与肋、复合墙板与外框之间的黏结滑移效应,试验中的低周反复荷载引起试件的刚度退化所导致。

（3）有限元计算的 P-Δ 曲线没有明显的拐点,加载后期由于混凝土的大量开裂破坏,有限元分析未能对曲线下降段进行有效模拟。其主要原因在于目前有限元分析中非线性计算方法对结构出现负刚度后的处理能力较差,因此很难计算出 P-Δ 曲线的卸载段。

（4）各试件有限元计算的初始刚度均大于试验结果,各试件有限元计算最大承载力及位移与试验结果的误差相对较小,最大承载力相对误差在 5% 以内,最大位移的相对误差低于 16.5%。

2.内力分布和破坏机理

(1)边框柱中型钢。

图 4-6 所示为试件 GML-3 有限元计算最大荷载时,型钢应变随柱高变化试验值与计算值的对比曲线图。由图可以看出,虽然试验所取测点较有限元少,除受拉柱根部试验值偏大外,有限元计算所得到的应变值与试验实测值吻合较好,并且变化趋势基本一致。

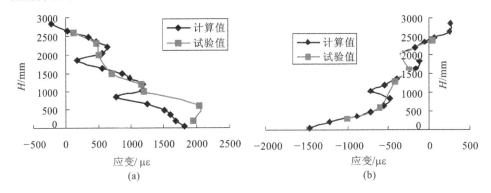

图 4-6 边框柱型钢应变随高度变化计算值与试验值对比图

(a)受拉柱型钢;(b)受压柱型钢

图 4-7 所示为试件 GML-1 与试件 GML-3 有限元计算最大荷载时,型钢应变随柱高变化曲线图。由图可得：

①试件 GML-1 边框柱中型钢最大 y 向拉应变值为 $1200\mu\varepsilon$,最大 y 向压应变值为 $1500\mu\varepsilon$,发生在靠近柱底部处,说明型钢还未屈服。从沿高度的应变分布可以看出,不管是受压柱还是受拉柱,均存在明显反弯点。从型钢柱截面应变可看出,整个柱的局部弯矩占了很大比例,尤其是受压柱,总体表现为外翼缘受拉时内翼缘受压,反之亦然。

②试件 GML-3 边框柱中型钢最大 y 向受拉应变值为 $1850\mu\varepsilon$,最大 y 向压应变值为 $1500\mu\varepsilon$,发生在靠近柱底部处一定范围内,说明受拉区型钢在底部一定范围内已经屈服,根部逐渐开始进入强化阶段。从沿结构高度的应变分布可看出,整

个应力曲线与试验结果一致。受压柱与受拉柱的变化一样,沿整个结构每层框梁下部柱应力较小,每层框梁上部柱应力较大,在每层框梁上、下部位发生突变,但从上到下应变总体趋势为柱顶应力最小,到柱底逐渐增大。从沿柱截面高度应变看,受拉与受压应变都较大,外翼缘应变大处,内翼缘应变就小,整个截面存在局部弯矩情况。

③由试件 GML-1 与试件 GML-2 对比分析可得出:对于型钢混凝土边框柱密肋复合墙体,边框柱的弯矩变化是由整体弯矩与局部弯矩叠加而成的,试件 GML-1 的局部弯矩占整个弯矩的比例较大,试件 GML-3 的局部弯矩占整个弯矩的比例较小,说明随着高宽比或层数的增加,边框柱局部弯矩所占比例逐步减小,这与第 3 章理论分析结果一致。

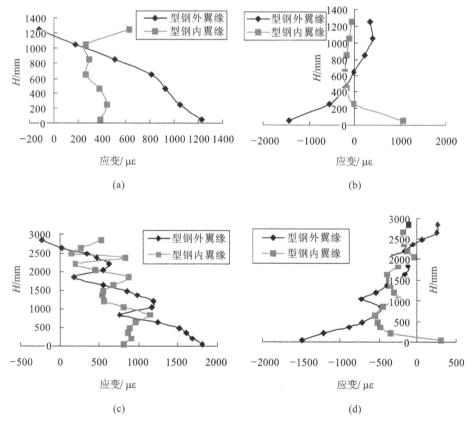

图 4-7 墙体最大荷载时边框柱型钢 y 向应变随高度变化图
(a)GML-1 受拉柱型钢;(b)GML-1 受压柱型钢;
(c)GML-3 受拉柱型钢;(d)GML-3 受压柱型钢

（2）边框梁柱中钢筋。

图 4-8 所示为有限元计算中最大荷载时边框柱钢筋应力图。由边框柱钢筋应力图可以很直观地看出，其受力特性与边框柱中型钢类似。从边框梁钢筋应力图可看出，边框梁同样存在反弯，顶层梁更加明显，一端受压一端受拉；中间框梁整体受拉，但端部受拉应力最大，中间较小，与受压柱相连的框梁端上部钢筋受力最大。这与试验很相符，在试验中，试件 GML-2 及试件 GML-3 中间框梁裂缝从梁端上部开始并逐渐贯穿整个截面，上排钢筋达到屈服应变，框梁中间部位钢筋均受拉，且拉应力较小。

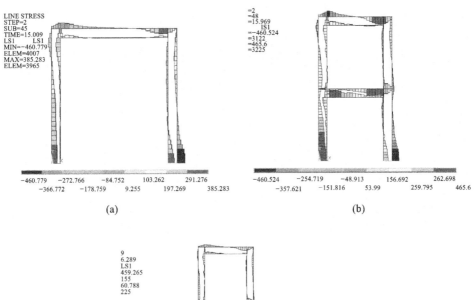

图 4-8　最大荷载时边框柱钢筋应力图

(a)GML-1；(b)GML-2；(c)GML-3

（3）复合墙板钢筋应力分析。

图 4-9 所示为有限元计算中最大荷载时复合墙板钢筋应力图。从图中可得出：①达到最大荷载时，所有复合墙板中部肋梁钢筋均已屈服，靠近结构顶部及底部的肋梁钢筋应力很小，这与试验所测数据及试验现象非常相符；②在肋柱间的每段肋梁存在局部弯矩现象，肋梁一端表现为上排钢筋拉应力较大，另一端表现为下排钢筋拉应力较大，但整个肋梁钢筋均处于受拉状态；③肋梁间的每段中肋柱存在较明显反弯点和局部弯矩，对同一截面的两根钢筋，一根受拉则另一根受压；④试件 GML-1 的中肋柱钢筋受力很小，但试件 GML-3 中间层中肋柱受力很大，部分受拉钢筋已经屈服，这与试验现象一致，试验中，GML-3 二层不仅有部分肋梁屈服，部分肋柱也已屈服；⑤边肋柱的受力特性与中肋柱不同，其受力特点与边框柱内侧钢筋一样，见图 4-8，与受拉框柱相连的边肋柱整体表现为受拉，与受压边框柱相连的边肋柱整体表现为受压。

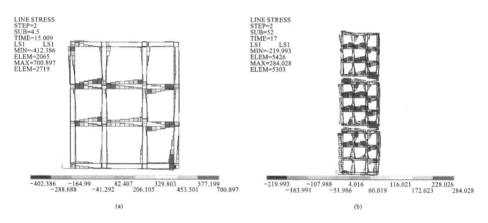

图 4-9　最大荷载时复合墙板钢筋应力图

(a)GML-1；(b)GML-3

（4）边框梁柱混凝土。

图 4-10 所示为各试件混凝土的等效应力云图，虽然混凝土并不符合 Mises 屈服准则，但是对混凝土的等效应力分布进行分析还是能得出一些有意义的结论。从图中可以看出，混凝土最大压应力出现在受压柱柱脚处，并且当三个试件达到最大荷载时，柱脚处混凝土均达到其抗压强度。

图 4-11 所示为最大荷载时墙体裂缝形态示意图。从图中可以看出：①当墙体达到最大荷载时，GML-1 柱外边缘仅在根部有少数弯曲水平裂缝，GML-2 柱外边缘根部裂缝要多于 GML-1，GML-3 柱边缘上弯曲裂缝最多，一层柱基本上都有裂缝出现；②很多斜裂缝已经由复合墙板延伸至边框柱，GML-2、GML-3 这种情况

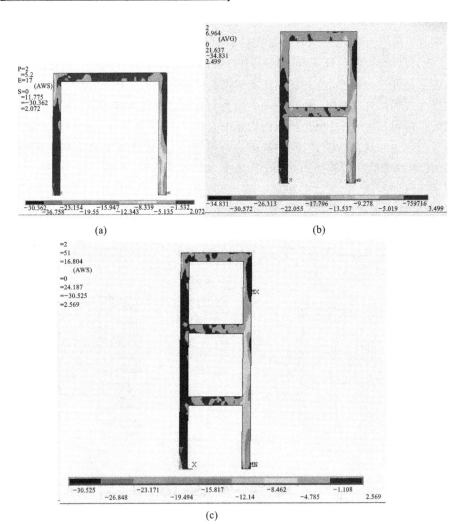

图 4-10 边框梁柱混凝土最大荷载时的 y 向等效应力云图

(a)GML-1;(b)GML-2;(c)GML-3

较为严重,GML-1 仅有少数部位出现这种延伸到边框柱的斜裂缝;③GML-2、GML-3 中与受压柱相连的中间框梁端部出现贯通裂缝,与受拉柱相连的中间框梁端部底脚出现裂缝,GML-1、GML-2 及 GML-3 受拉柱相连顶部框梁端头底脚出现少数裂缝,这些与试验现象均非常符合。

(5)试件底部弯曲应力。

图 4-12 给出了墙体在达到屈服荷载过程中,其底部计算截面上 y 向正应变变化图。

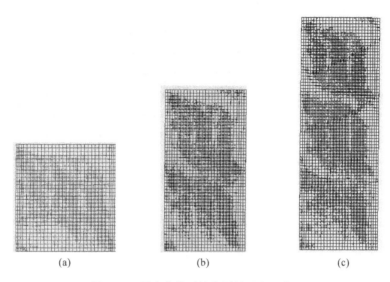

图 4-11 最大荷载时墙体裂缝形态示意图

(a)GML-1；(b)GML-2；(c)GML-3

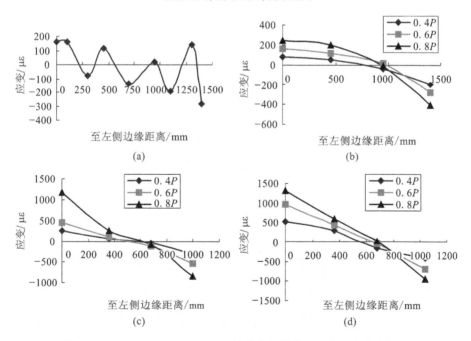

图 4-12 GML-1、GML-2、GML-3 墙体底部横截面 y 向正应变变化图

(a)GML-1 全截面 y 向应变变化图；(b)GML-1 边框柱、中肋柱截面 y 向应变变化图；
(c)GML-2 边框柱、中肋柱截面 y 向应变变化图；(d)GML-3 边框柱、中肋柱截面 y 向应变变化图

图 4-12(a)所示为 GML-1 底部全截面(包括边框柱、边肋柱、中肋柱及砌块)y 向正应变变化图。从图中可以看出受拉边外框柱、边肋柱处 y 向正应变较大,承担了较大的墙体整体弯矩,表现出外框柱、边肋柱整体受弯的特点;加气混凝土砌块由于斜压杆作用,其 y 向正应变均为压应变;由于局部弯矩作用,与受压柱相连边肋柱为拉应变,这些受力特点与墙体试验现象基本吻合。

图 4-12(b)～(d)所示为各试件墙体底部仅考虑边框柱及中肋柱时的 y 向正应变变化图。由图可得出墙体在竖向荷载与水平荷载共同作用下,由于这几个试件最终都是剪切破坏,复合墙板砌块主要承受剪力,其主拉应力并不在 y 向,因此整个墙板底部计算截面上的 y 向正应力呈倒 "S" 形分布,严格意义上并不符合平截面假定,但计算截面上混凝土外框柱、肋柱的 y 向正应力基本符合平截面假定。其中 GML-3 符合较好,GML-2 次之,GML-1 最差,说明随着层数(高度)增加,弯矩越来越大,弯曲变形占整个结构横截面变形的比例越来越大。

本次试验及有限元分析结果与前期研究成果基本一致。但在这些研究中所取的试件破坏形态均为剪切破坏(包括本次试验),对于任何结构形式,剪应力(剪切变形)较大的截面,是不可能符合平截面假定的。通过上面的研究可以看出,随着层数(高度)增加,弯矩越来越大,弯曲变形占整个结构横截面变形的比例越来越大。为验证型钢混凝土密肋复合墙体在弯曲破坏时底截面是否符合平截面假定,本书在 GML-3 的基础上,把高宽比增加到 6,最后用 ANSYS 验算结果为弯曲破坏。图 4-13 所示为 GML-3 高宽比为 6 时,其墙体底部横截面 y 向正应变变化图。从图中可以看出,当荷载较小(0.4P)时,整个墙体非常符合平截面假定,随着荷载增加,两边框的应变增加比例较快,但整个横截面总体上基本符合平截面假定。因此,当密肋复合墙体为弯曲破坏时,不只是边框及肋柱,整体截面(包括填充砌块)按平截面假定进行计算是合理的。

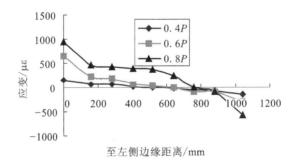

图 4-13 弯曲破坏时墙体底部横截面 y 向正应变变化图

4.3.3　竖向加载下墙体非线性有限元分析

为考察型钢混凝土外框柱密肋复合墙体在轴压下的受力特性,本书以试件 GML-3 作为分析对象,进行竖向加载下的非线性有限元分析。在 GML-3 的试验 中,最大竖向荷载为 257kN,在有限元分析中最大竖向荷载同样加载到 257kN。

图 4-14、图 4-15 所示为竖向加载到 257kN 时墙体在 y 向的应力、应变变化情 况。由图 4-14 的 y 向应变云图可以看出,型钢混凝土边框柱密肋复合墙体在竖向 荷载作用下的变形具有明显弹性地基梁效应,顶层边框梁作为弹性地基梁,其下的 边框柱、肋柱及填充砌块作为弹性地基,在竖向荷载作用下,中间砌块的变形最大, 两端边框柱的变形最小,三层顶这种效应最为明显,到三层底应变逐渐平均化,但 中间变形仍大于两端,经过二层顶框梁后,整个横截面应变已经基本相等;肋梁及 边框梁上 y 向应变很小,肋梁上的 y 向应变与砌块上的 y 向应变不对应,若顺着

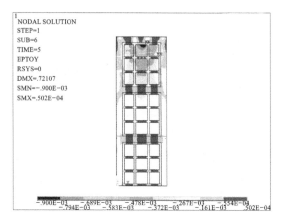

图 4-14　GML-3 在 y 向应变云图

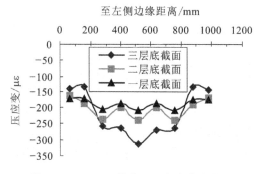

图 4-15　GML-3 横截面 y 向应变变化图

肋梁部位进行横截面分析整个复合墙体各组件(边框、肋柱、砌块)的应变变化关系,结果可能会有较大误差。从图 4-15 可以看出,整个横截面上应变分布从三层到一层逐渐均匀,到一层底时,中间砌块应变已经与两端边框相差不大,这相当于弹性地基梁刚度随着层数加大而不断加大,因此其下地基的弹性位移逐渐趋于相等,这与第 2 章试验及第 3 章理论分析结果一致。

参考文献

[1] 江见鲸.钢筋混凝土结构非线性有限元分析[M].北京:清华大学出版社,1994.

[2] 姚谦峰.密肋壁板轻型框架结构理论与应用研究[R].西安:西安建筑科技大学,2000.

[3] 龚尧南,王寿梅.结构分析中的非线性有限元素法[M].北京:北京航空学院出版社,1986.

[4] 张汝清,詹先义.非线性有限元分析[M].重庆:重庆大学出版社,1990.

[5] 沈聚敏,王传志.钢筋混凝土有限元与板壳极限分析[M].北京:清华大学出版社,1993.

[6] Vecchio F. Nonlinear finite element analysis of reinforced concrete membranes[J]. ACI Structural Journal, 1989,86(1):26-35.

[7] 吕西林,金国芳,吴晓涵.钢筋混凝土结构非线性有限元理论与应用[M].上海:同济大学出版社,1997.

[8] 康清梁.钢筋混凝土有限元分析[M].北京:中国水利水电出版社,1996.

[9] 董毓利.混凝土非线性力学基础[M].北京:中国建筑工业出版社,1997.

[10] 贾英杰.中高层密肋壁板结构计算理论及设计方法研究[D].西安:西安建筑科技大学,2004.

[11] 过镇海.钢筋混凝土原理[M].北京:清华大学出版社,1999.

[12] 朱伯龙,董振祥.钢筋混凝土非线性分析[M].上海:同济大学出版社,1985.

[13] 黄炜.密肋复合墙体抗震性能及设计理论研究[D].西安:西安建筑科技大学,2004.

[14] 王爱民.中高层密肋壁板结构密肋复合墙体受力性能及设计方法研究[D].西安:西安建筑科技大学,2006.

[15] 孟宏睿.生态轻质水泥基墙体材料性能及密肋复合墙体弹塑性分析模型研究[D].西安:西安建筑科技大学,2007.

5 型钢混凝土边框柱密肋复合墙体承载力研究

5.1 轴压承载力计算

型钢混凝土边框柱密肋复合墙体是由型钢混凝土边框柱与复合墙板组合而成的,其在轴压下的受力特性与普通密肋复合墙体基本一致。前期对密肋复合墙体的试验与研究表明,各组件(边框柱、肋柱、填充砌块)按轴向刚度分配竖向荷载。对于密肋复合墙体轴压承载力计算方法,该结构体系前期研究大致有以下两种观点:

第一种观点认为,由于填充砌块弹性模量较边框柱及肋柱小很多,其所承担的竖向荷载根据填充砌块占墙板总面积的不同为 $10\%\sim20\%$,因此可忽略不计。文献[1]认为,虽然不计填充砌块所承担的荷载,但考虑其有利作用,在轴压承载力计算公式中引入相关增大系数。文献[2]认为,由于填充砌块承担的荷载较小,砌块可忽略不计,这样,承载力计算公式更加偏于安全,因此也是合理的。

第二种观点认为,虽然填充砌块所承担的荷载较小,但它也承担了一定的荷载,当填充砌块占整个墙板面积较多时,其所承担的荷载超过 15%,因此,在公式中不考虑填充砌块作用存在一定问题。

由于型钢混凝土边框柱密肋复合墙体的边框柱为型钢混凝土柱,型钢边框柱的轴向刚度及承载力都大幅增加,在承载力计算公式中是否能全部考虑型钢强度,边框柱中加入型钢后对整个墙板的轴压受力特性有何影响,这都需要通过研究后才能得出适合该结构形式的轴压承载力计算公式。

5.1.1 密肋复合墙体在轴压作用下的试验研究

1. 试件设计

文献[2]中试验选取密肋复合墙体共 4 榀,模型缩尺比例取为 1/2。为测试墙体高厚比对其抗压承载力的影响,设计了有填充砌块密肋复合墙体 3 榀,各试件高度分别为 1.45m、1.95m 和 2.40m,均为均布受压,另外 1 榀为两边框柱集中受荷,高度为 1.45m。各试件编号、类型、尺寸及配筋见表 5-1。所有试件肋梁柱的混凝土轴心抗压强度实测值为 16.9MPa,边框梁柱的混凝土轴心抗压强度实测值为 18.9MPa。

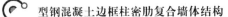

表 5-1　　　　　　　　　　　　试件编号、类型、尺寸及配筋

试件编号	试件类型	试件尺寸（高×宽×厚）/(m×m×m)	高厚比	边框梁柱配筋		肋梁、肋柱配筋	
				边框梁	边框柱	肋梁	肋柱
MLQT-1	标准试件,施加均布荷载	1.45×1.65×0.1	14.5	6Φ6 Φ4@100	10Φ6 Φ4@100	4Φ4 Φ3@100	4Φ4 Φ3@100
MLQT-2	标准试件,施加集中荷载	1.45×1.65×0.1	14.5	6Φ6 Φ4@100	10Φ6 Φ4@100	4Φ4 Φ3@100	4Φ4 Φ3@100
MLQT-3	变高厚比（5 道肋梁）	1.95×1.65×0.1	19.5	6Φ6 Φ4@100	10Φ6 Φ4@100	4Φ4 Φ3@100	4Φ4 Φ3@100
MLQT-4	变高厚比（6 道肋梁）	2.40×1.65×0.1	24.0	6Φ6 Φ4@100	10Φ8 Φ4@100	4Φ4 Φ3@100	4Φ4 Φ3@100

2.试验结果

均布荷载作用的三个试件（MLQT-1、MLQT-3、MLQT-4）具有相同的破坏现象,在加载初期,填充砌块开始出现裂缝。随着荷载加大,整个墙板的横向变形加大,肋梁由于受到拉应力开始出现裂缝。当加载到极限荷载的 70%～80% 时,肋柱开始出现裂缝,并且填充砌块裂缝不断加宽加大。当加载到极限荷载的 90%～100% 时,肋柱混凝土由于达到极限压应变,部分肋柱出现破碎脱落现象,但填充砌块未达到极限压应变,只在墙体表面多处出现小块墙皮脱落,边框柱顶部出现竖向裂缝,肋柱钢筋屈服,出现局部外凸。

集中荷载作用在边框柱上的试件（MLQT-2）的破坏现象为:在加载初期,砌块中出现从加载点斜向墙体内部的斜向微裂缝,并在边框梁中出现竖向贯通裂缝。当荷载达到 30% 极限荷载时,外框柱上、下端部及其侧面陆续出现斜向及竖向裂缝。当荷载达到 80% 极限荷载时,边框柱陆续出现小块表皮脱落,裂缝明显变宽。此阶段墙体中裂缝仍主要出现在砌块中,混凝土及砌块的应变较小,肋梁与肋柱以及边框柱钢筋均未屈服。当达到极限荷载时,墙体左上角边框柱混凝土被压碎,有小块混凝土脱落,此时伴有很大的响声,表明试件已破坏。

表 5-2 列出了各试件的开裂荷载和破坏荷载。

表 5-2　　　　　　　　各试件的开裂荷载及破坏荷载试验结果

试件编号	MLQT-1	MLQT-2	MLQT-3	MLQT-4
开裂荷载/kN（占破坏荷载比例）	600（25.5%）	400（25.8%）	500（26.3%）	650（28.3%）
破坏荷载/kN	2350	1500	1900	2300

从试验现象可得出,在竖向均布荷载作用下,密肋复合墙体的受压破坏特征基本是按照砌块开裂→肋梁开裂→柱开裂→砌块与肋格及边框柱交界面开裂→肋柱钢筋屈服→肋柱混凝土被压碎的顺序进行,当密肋复合墙体的高厚比不超过 24 时,墙体不会发生平面外失稳破坏。墙体的受压破坏主要由肋柱混凝土达到其极限压应变而引起,因此,肋柱混凝土到达极限压应变后,整个墙板即达到极限状态。而在竖向集中荷载作用下,墙体的受压破坏主要由承受集中荷载的边框柱发生破坏而引起。

图 5-1 所示为各试件柱截面纵筋应变-荷载曲线。图 5-2 所示为各试件墙体截面正应力分布图。

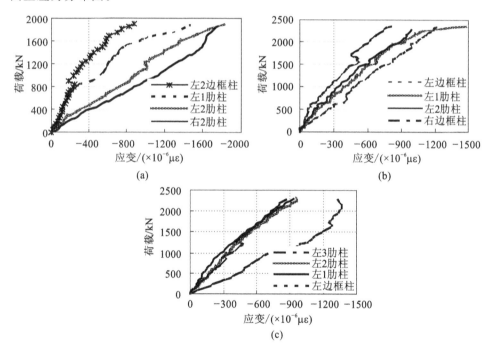

图 5-1　各试件柱截面纵筋应变-荷载曲线
(a)MLQT-1;(b)MLQT-3;(c)MLQT-4

由图 5-1 可得出,在整个墙板达到极限承载力时,肋柱钢筋基本均达到了屈服应变,其强度全部被利用,但边框柱钢筋只达到了其屈服应变的 70%~80%,其强度未被充分利用。

由图 5-2 可看出,在整个墙板达到极限承载力时,肋柱混凝土均达到其抗压强度,边框柱基本达到其抗压强度;中间砌块均达到其抗压强度,边砌块达到其抗压强度的 80% 左右。

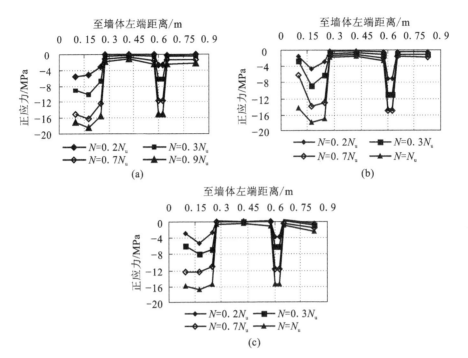

图 5-2　各试件墙体截面正应力分布图

(a)MLQT-1；(b)MLQT-3；(c)MLQT-4

5.1.2　密肋复合墙体轴压承载力计算方法

针对密肋复合墙体轴压承载力计算的研究主要有以下几种方法。

1.考虑肋柱折减和填充砌块有利作用情况

由于墙体中砌块的弹性模量远小于边框柱、肋柱的混凝土弹性模量,墙体在竖向荷载作用下,其内力主要由外框柱、肋柱承担,砌块、肋梁几乎不承受竖向荷载;同时,因为荷载的边移效应和肋梁所体现出的拉杆特性,竖向荷载作用下的墙体又具有拉杆-拱承力体系的特点。基于以上分析和计算,可以对竖向荷载作用下的墙体做如下两种简化计算。

(1)按轴向刚度分配。

基于前期试验结果,在整个结构高度范围内认为密肋复合墙体的竖向变位一致,忽略加气混凝土砌块的承载作用,将竖向荷载考虑为仅由密肋复合墙的外框柱和肋柱来承担,竖向荷载在外框柱与肋柱之间的分配按各自的轴向刚度 EA 进行,当外框柱与肋柱的混凝土标号相同时,可按外框柱与肋柱的横截面面积进行竖向荷载分配,具体的简化过程如图 5-3 所示,其简化关系的数学表达式为式(5-1)。

该简化计算方法忽略了墙体中外框柱、边肋柱、中肋柱竖向应变依次递减的特性，计算所得的外框柱荷载效应小于实际值，设计时应予以注意。

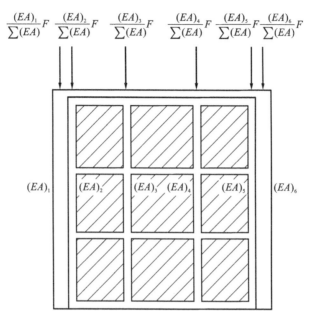

图 5-3 竖向荷载简化计算图

由已知条件

$$\frac{F_1}{(EA)_1} = \frac{F_2}{(EA)_2} = \frac{F_3}{(EA)_3} = \frac{F_4}{(EA)_4} = \frac{F_5}{(EA)_5} = \frac{F_6}{(EA)_6} = \varepsilon = \frac{F}{\sum(EA)}$$

$$(5\text{-}1)$$

得

$$F = \frac{(EA)_1}{\sum(EA)}F + \frac{(EA)_2}{\sum(EA)}F + \frac{(EA)_3}{\sum(EA)}F + \frac{(EA)_4}{\sum(EA)}F +$$

$$\frac{(EA)_5}{\sum(EA)}F + \frac{(EA)_6}{\sum(EA)}F$$

$$(5\text{-}2)$$

(2)按轴向刚度和拉杆-拱承力体系共同分配。

以墙体在竖向荷载作用下按轴向刚度分配内力为基础，考虑荷载的边移效应，提出墙体竖向荷载分配的数学表达式[式(5-5)]。该方法结合了轴向刚度分配和拉杆-拱承力体系的特点进行计算。

由已知条件

$$\frac{F_1}{(EA)_1} = \frac{F_6}{(EA)_6} = \varepsilon, \quad \frac{F_2}{(EA)_2} = \frac{F_4}{(EA)_4} = \frac{F_5}{(EA)_5} = \alpha\varepsilon,$$

$$\frac{F_3}{(EA)_3} = \frac{F_4}{(EA)_4} = \beta\varepsilon \tag{5-3}$$

得

$$\frac{F_1}{(EA)_1} = \frac{F_2}{\alpha(EA)_2} = \frac{F_3}{\beta(EA)_3} = \frac{F_4}{\beta(EA)_4} = \frac{F_5}{\alpha(EA)_5} = \frac{F_6}{(EA)_6} = \varepsilon =$$

$$\frac{F}{(EA)_1 + \alpha(EA)_2 + \beta(EA)_3 + \beta(EA)_4 + \alpha(EA)_5 + (EA)_6} = \frac{F}{\sum m(EA)} \tag{5-4}$$

式中, $m = 1, \alpha, \beta$。

根据式(5-4)可以得到:

$$F = \frac{(EA)_1}{\sum m(EA)}F + \frac{\alpha(EA)_2}{\sum m(EA)}F + \frac{\beta(EA)_3}{\sum m(EA)}F + \frac{\beta(EA)_4}{\sum m(EA)}F +$$

$$\frac{\alpha(EA)_5}{\sum m(EA)}F + \frac{(EA)_6}{\sum m(EA)}F \tag{5-5}$$

结合不同竖向荷载作用下墙体中外框柱、边肋柱、中肋柱的竖向应变值,统计出 $\alpha = 0.9, \beta = 0.6$。

密肋复合墙体轴心受压承载力计算可按下式进行:

$$N \leqslant \gamma\varphi\left[\sum \eta_l(f_c A_{LZ} + f_y' A_{LS}') + (f_c A_{KZ} + f_y' A_{KS}')\right] \tag{5-6}$$

式中　N——墙体轴向压力设计值。

　　　η_l——墙体肋柱强度利用系数,边肋柱取 0.9,中肋柱取 0.6。

　　　f_c——墙体肋柱混凝土轴心抗压强度设计值。

　　　f_y'——钢筋抗压强度设计值。

　　　A_{LZ}——一个肋柱的截面面积。

　　　A_{LS}'——一个肋柱的纵筋截面面积。

　　　A_{KZ}——连接柱的截面面积之和(对中高层, A_{KZ} 为边框柱和连接柱的截面面积之和)。

　　　A_{KS}'——连接柱的纵筋截面面积之和(对中高层, A_{KS}' 为边框柱和连接柱的纵筋截面面积之和)。

　　　φ——墙体稳定系数, $\varphi = 1/(1 + 0.001\beta^2)$, β 为墙体的高厚比。

　　　γ——填充砌块对墙体抗压强度的提高系数,有填充砌块时 $\gamma = (1.0 + 5E_q/E_c)$, $1.0 \leqslant \gamma \leqslant 1.5$;无填充砌块时 $\gamma = 1.0$。

在式(5-6)中,稳定系数 φ 参照砌体结构计算稳定系数的方法,以构件纵向弯曲破坏临界应力理论为基础,并通过分析提出密肋复合墙体稳定系数。对墙体填充砌块承载力,通过用 γ 提高系数考虑其有利作用。

2.肋柱不折减和完全不考虑砌块作用情况

文献[2]通过有限元与试验分析提出:①当肋柱混凝土达到极限应变时,整个墙体达到极限承载力,因此,对肋柱承载力进行折减与实际不符,应该完全考虑肋柱作用;②填充砌块对墙体平面内承载力的贡献随混凝土柱面积与整个墙板面积比(柱面积率)的增大而减小,当柱面积率为 0.439 时,填充砌块的抗压贡献仅为 12% ,而当柱面积率为 0.184 时,其抗压贡献超过 30% 。考虑砌块在大震时会脱落,为使墙体设计具有一定的安全储备,计算墙体受压承载力时,可不考虑砌块的抗压贡献,仅按混凝土柱的承载力进行计算。这样一来,应按照使柱承担的轴力不小于总轴力的 80% 左右,即要求柱的面积率不应低于 0.3 的原则进行墙体布置。

通过假定:①不考虑填充砌块对复合墙体轴心抗压承载力的贡献;②各柱截面内混凝土应力为均匀分布,其应力为混凝土抗压强度设计值 f_c,提出相应密肋复合墙体轴心受压承载力计算公式:

$$N \leqslant \varphi \left[(f_{ce}A_{ce} + f'_{ye}A'_{se}) + \sum (f_{cr}A_{cri} + f'_{yr}A'_{sri}) \right] \qquad (5\text{-}7)$$

式中　N——墙体计算截面轴向力设计值;

　　　φ——墙体稳定系数,按式(5-8)计算;

　　　f_{ce},f_{cr}——边框柱、肋柱混凝土轴心抗压强度设计值;

　　　A_{ce},A_{cri}——边框柱、肋柱截面面积;

　　　f'_{ye},f'_{yr}——边框柱、肋柱纵向钢筋抗拉强度设计值;

　　　A'_{se},A'_{sri}——边框柱、每根肋柱纵向钢筋截面面积。

通过有限元分析得出,密肋复合墙体的稳定系数不仅与高厚比 β 有关,还与边框柱面积率有关,边框柱面积率越高,稳定系数越大。在复合墙体竖向荷载作用下的非线性有限元分析中,对 φ 的影响因素进行了较细致的分析,并通过线性回归,提出了 φ 的计算公式:

$$\varphi = \left(0.70 + \frac{8.67}{\beta^2} \right) \gamma_{\rho c} \qquad (5\text{-}8)$$

$$\gamma_{\rho c} = 0.80 + 0.71 \rho_c \qquad (5\text{-}9)$$

式中　β——墙体的高厚比,$\beta = \dfrac{H_0}{b_w}$;

　　　H_0——墙体的计算高度;

　　　b_w——墙体厚度;

　　　$\gamma_{\rho c}$——柱面积率对 φ 的修正系数;

ρ_c——墙体中柱面积率，$\rho_c = \dfrac{\sum A_{ci}}{A_w}$；

A_{ci}——墙体各柱面积；

A_w——墙体截面面积。

5.1.3　型钢混凝土边框柱密肋复合墙体轴压承载力计算方法

由 3.1.3 节的理论分析可知，密肋复合墙体在轴压作用下的受力特性符合弹性地基梁效应，影响其各组件竖向荷载分配的因素主要有边框梁刚度、肋柱间距及边框柱刚度，其中最明显的影响因素为边框梁刚度和肋柱间距，随着肋柱间距减小（边框柱间距减小）或边框梁刚度增加，边框柱承担荷载明显增加。由于现行密肋复合墙体肋柱间距及肋柱数量变化不大，肋柱数量一般为 4 根，肋柱间距一般为 700～1000mm，因此，本书仅对边框柱截面尺寸变化后，边框柱混凝土及型钢对整个轴压承载力的影响进行分析。

由 2.3 节试验结果分析及 4.3.3 节有限元分析结果可知，当层数较少时，密肋复合墙体中间应变较大，向两端逐渐减小，随着层数逐渐增加，相当于弹性地基梁刚度逐渐增大，则其下的弹性地基（边框柱、肋柱、填充砌块）变形逐渐一致，各组件所承担竖向荷载可基本按各自的轴向刚度进行分配。

由 5.1.1 节轴压承载力试验研究分析结果可知，当均布荷载作用时，整个墙板因肋柱达到极限压应变而发生破坏，其中，边框柱钢筋并未达到其屈服强度，说明虽然边框柱的刚度较大，分配较多荷载，但当边框柱与肋柱轴向刚度配置不协调时，并不能充分利用边框柱承载力。填充砌块对墙体平面内承载力的贡献随柱面积率的增大而减小，一般可承担整个墙体 8%～20% 的荷载，因此，不考虑或仅用一个固定提高系数来考虑填充砌块的作用，均与实际存在一定误差。当各组件刚度配置不协调时，填充砌块不能充分发挥其承载力，但考虑填充砌块承担的竖向荷载较小，因此，按填充砌块充分发挥其承载力进行计算与实际相差不大。

根据以上分析，参照前期研究成果，本书提出型钢边框柱密肋复合墙体轴压承载力计算公式如下：

$$N \leqslant \varphi[\eta_1 f_{Zc} A_{Kz} + \eta_2(f'_{Zy} A_{Ks} + f'_a A_a) + f_{Lc} A_{Lz} + f'_{Ly} A_{Ls} + f_m A_m] \quad (5\text{-}10)$$

式中　N——墙体轴向压力设计值；

η_1, η_2——边框柱中混凝土强度、钢筋强度及型钢强度利用系数；

f_{Zc}, f_{Lc}, f_m——墙体边框柱、肋柱混凝土及填充砌块轴心抗压强度设计值；

f'_{Zy}, f'_{Ly}, f'_a——边框柱、肋柱钢筋及型钢抗压强度设计值；

A_{Kz}, A_{Lz}, A_m, A_a——边框柱、肋柱、填充砌块及型钢截面面积（边框柱按净截面面积）；

A_{Ks}，A_{Ls}——边框柱及肋柱的纵筋截面面积；

　　　　φ——墙体稳定系数。

　　第 4 章提出了型钢混凝土边框柱密肋复合墙体的有限元模型。本节通过有限元分析，对墙体轴压承载力进行近似计算，并对墙体轴压极限承载力的大小及其各组件的贡献进行了初步的定量分析，据此，最终提出满足工程精度要求且方便计算的型钢混凝土边框柱密肋复合墙体轴压承载力实用计算公式。

　　1. 模型选取及影响因素分析

　　（1）模型选取。

　　以单层单跨复合墙体作为分析对象，墙体外形尺寸参照实际工程尺寸选用，模型比例为 1∶1。分析基本模型为：复合墙板肋梁柱混凝土强度采用 C20，砌块为普通加气混凝土砌块（弹性模量为 1600MPa），轴心抗压强度采用 2.7MPa，边框梁柱混凝土强度采用 C30，中间填充砌块均为 800mm×800mm×200mm，肋梁柱截面尺寸 $b×h=200\text{mm}×100\text{mm}$，肋梁柱钢筋为 HPB300，每根肋梁柱配 4φ6 钢筋；边框梁截面 $b×h=200\text{mm}×300\text{mm}$，边框柱截面尺寸 $b×h=200\text{mm}×200\text{mm}$，边框梁柱钢筋为 HPB300，梁柱各配 4φ10 钢筋，墙体厚度为 200mm。边框柱中型钢为 Ⅰ100×100×4.5×7.6，面积为 1970mm²。

　　（2）各组件对墙体承载力影响因素分析。

　　① 边框柱承载力利用率分析。

　　为消除失稳影响，所有计算墙体均按高厚比为 16 考虑，即复合墙板尺寸均按上述基本模型不变化，边框柱截面高度从 200mm 增加到 500mm，型钢面积从 1970mm² 增加到 3940mm²。

　　图 5-4 所示为边框柱型钢强度系数曲线图，横坐标为边框柱中设置的型钢面积从 1970mm² 增加到 3940mm²，纵坐标为型钢强度系数（型钢平均应力与型钢屈服强度之比）。边框柱型钢在轴压作用下，边翼缘应力最高，内翼缘应力最低，中间腹板依次过渡，图中强度利用系数为整个型钢截面应力平均值。由图可知，在边框柱截面高度一定时，随着型钢面积增加，型钢强度系数逐渐降低。在型钢面积一定时，随着边框柱截面高度增加，型钢强度系数逐渐降低。在边框柱截面高度为 200mm、型钢面积为 1970mm² 时，型钢强度系数最高，为 0.98；在边框柱截面高度为 500mm、型钢面积为 3940mm² 时，型钢强度系数最低，为 0.82。

　　图 5-5 所示为随边框柱截面高度及型钢面积变化柱脚处边框柱混凝土强度系数变化图，纵坐标为边框柱混凝土强度系数（复合墙体破坏时边框柱混凝土平均应力与混凝土轴压强度之比），横坐标为边框柱型钢面积。从图中可得出，在边框柱截面高度一定时，随着型钢面积增加，边框柱混凝土强度系数逐渐降低。在型钢面积一定时，随着边框柱截面高度增加，边框柱混凝土强度系数逐渐降低。在边框柱截面高度

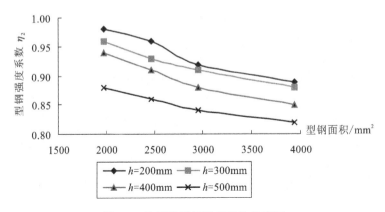

图 5-4　边框柱型钢强度系数曲线图

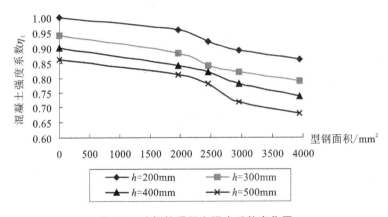

图 5-5　边框柱混凝土强度系数变化图

为 200mm,型钢面积为 0 时(无型钢时),即对普通密肋复合墙体,当边框柱与肋柱轴向刚度之和相等时,边框柱混凝土强度系数最高为 1.0。在边框柱截面高度为 500mm,型钢面积为 3940mm² 时,边框柱混凝土强度系数最低,基本上为 0.68。

　　从以上分析可以看出,随着边框柱截面高度或型钢面积的增加,边框柱承担的荷载逐渐增加,但这种增加并不与截面尺寸同步增加,边框柱应力随着截面面积增加而减小,即边框柱(混凝土与型钢)强度系数逐渐降低。这主要是由于整个复合墙体所有组件并不能达到共同破坏,由于各组件承载力、刚度配置不协调,当肋柱或边框柱破坏时,整个复合墙即达到极限状态,当肋柱较弱,而边框较强时,边框柱并不能充分利用其承载力,因此,边框柱承载力系数不仅与边框柱承载力与肋柱轴向刚度比有关,还与二者之间承载力之比具有紧密关系。关于边框柱中混凝土部分与型钢部分之间的承载力分配,由于型钢弹性模量较大,在相同应变情况下,型钢承担更多荷载,相应混凝土则承担较少的荷载,因此二者之间仍需协调工作。应用曲线拟合的最小二乘法,对有限元计算结果数据进行拟合,得出边框柱承载力系数计算公式如下:

$$\eta_1 = 1 - \frac{\alpha_1 - \psi\alpha_2}{2} \tag{5-11}$$

$$\eta_2 = 1 - \frac{\alpha_1 - \alpha_2}{2} \tag{5-12}$$

其中,

$$\alpha_1 = \frac{N_{Kz}}{N_q} = \frac{f_c A_{Kz} + f_a A_a}{f_c A_{Lz} + f_m A_m}; \quad \alpha_2 = \frac{K_{Kz}}{K_q} = \frac{E_c A_{Kz} + E_a A_a}{E_c A_{Lz} + E_m A_m}; \quad \psi = 1 - 1.4\frac{A_{Kz}}{A_q}$$

式中 η_1,η_2——边框柱中混凝土与型钢强度系数;

     α_1,α_2——边框柱与复合墙板轴向承载力比与轴向刚度比;

     ψ——边框柱面积率对承载力影响系数;

     f_c,f_a,f_m——相应的混凝土、型钢、填充砌块设计抗压强度;

     A_{Kz},A_a,A_{Lz},A_m,A_q——边框柱截面、型钢截面、肋柱截面、填充砌块截面及复合墙板截面面积;

     E_c,E_a,E_m——相应的混凝土、型钢、填充砌块弹性模量。

当 $\alpha_1 < \psi\alpha_2$ 时,说明边框柱根据刚度所分配轴向力能全部利用,取 $\alpha_1 = \alpha_2 = 1$;当 η_1 或 η_2 大于 1.0 时,取 1.0;当边框柱在结构中间时,边框柱承载力可以全部利用,取 $\eta_1 = \eta_2 = 1.0$。

式(5-11)、式(5-12)表明,当边框柱按其全截面承载力充分发挥作用所承担竖向荷载小于按其轴向刚度所分配竖向荷载时,说明边框柱所承担荷载能使其全截面参与工作,其承载力能充分发挥;当边框柱按其全截面承载力充分发挥作用所承担竖向荷载大于按其轴向刚度所分配竖向荷载时,说明边框柱所承担荷载不能使其全截面参与工作,则其承载力不能充分发挥。以上两个公式从边框柱轴向刚度与轴向承载力之间的关系出发,从原理上充分解释了随着边框柱混凝土及型钢面积的增加,其承载力系数降低的原因。

由于在实际工程中,复合墙板肋柱截面、强度及填充砌块截面、强度变化不大,因此,边框柱承载力及轴向刚度与复合墙板承载力及轴向刚度的比值仅与边框柱本身的混凝土及型钢量相关。考虑公式运用的简洁性,将有限元分析结果进行平均化处理,边框柱混凝土及型钢承载力系数采用下式计算:

$$\eta_1 = 1 - 0.6\rho_{Zc} - 0.15\rho_a \times 100 \tag{5-13}$$

$$\eta_2 = (1 - 0.6\rho_{Zc} - 0.15\rho_a \times 100) \times 1.1 \tag{5-14}$$

式中 ρ_a——边框柱配钢率,$\rho_a = \dfrac{\sum A_a}{A_w}$;

ρ_{Zc}——边框柱面积与整个截面面积的比率，$\rho_{Zc} = \dfrac{\sum A_{Kz}}{A_w}$；

A_w——复合墙体整个截面面积。

②稳定系数分析。

当墙体轴心受压时，往往由于侧向变形（挠度）的增大而产生纵向弯曲的破坏，因此，构件轴压承载力必须考虑这种影响，即稳定系数的影响。

型钢混凝土边框柱密肋复合墙体由肋梁柱、边框梁柱、型钢及填充砌块组成，因此，影响墙体稳定系数的因素较多，如墙体高厚比、全部柱面积率、全部梁面积率、型钢配钢率等。通过分析文献[3]、[4]对普通密肋复合墙体稳定系数的研究，参照组合砖砌体构件、设置芯柱配筋砌块砌体结构相应研究内容，该结构采用的稳定系数按式(5-6)计算，但还需考虑整个墙体中柱混凝土面积率及边框柱型钢配钢率的影响。其基本形式如下：

$$\varphi = \left(\frac{1}{1 + 0.0003\beta^2} + 0.15\rho_a\right)\gamma_{\rho c} \qquad (5-15)$$

式中　φ——墙体稳定系数；

β——墙体的高厚比，$\beta = \dfrac{H_0}{b_w}$；

ρ_a——配钢率，$\rho_a = \dfrac{A_a}{A_w} \times 100\%$；

A_w——复合墙体截面面积；

$\gamma_{\rho c}$——边框柱混凝土面积率对稳定系数修正系数。

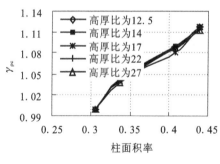

图 5-6　$\gamma_{\rho c}$ 与柱面积率及
高厚比关系曲线

图 5-6 所示为 $\gamma_{\rho c}$ 与柱面积率及高厚比的关系曲线，从图中可以看出，高厚比对 $\gamma_{\rho c}$ 的影响甚微，故确定 $\gamma_{\rho c}$ 时可忽略高厚比的影响，取不同高厚比的 $\gamma_{\rho c}$ 的平均值，由此平均值与柱面积率的关系，应用曲线拟合的最小二乘法，得出 $\gamma_{\rho c}$ 的回归公式：

$$\gamma_{\rho c} = 0.80 + 0.8\rho_c \qquad (5-16)$$

式中　ρ_c——柱面积率，$\rho_c = A_c/A_w$；

A_c——复合墙体混凝土柱总面积；

A_w——复合墙体截面面积。

2.轴心受压承载力计算公式及结果分析

(1)轴心受压承载力计算公式。

通过以上分析，影响型钢混凝土边框柱密肋复合墙体和普通密肋复合墙体的受压承载力的因素有类似之处。本书研究在考虑与《密肋复合板结构技术规程》（JGJ/T 275—2013）中方法一致的情况下,考虑由于边框柱与肋柱配置不协调所引起的边框柱承载力不能充分发挥的情况,并考虑边框柱混凝土率及边框柱配钢率对稳定系数的影响,这些研究完善了型钢混凝土边框柱密肋复合墙体轴压承载力计算方法。建议轴心受压承载力按式(5-10)、式(5-15)计算。

（2）结果分析。

表 5-3 所示为公式计算结果与有限元及试验结果对比表。

表 5-3　　　　　　　　　**公式计算结果与有限元及试验结果对比表**

试件编号	参数变化				抗剪承载力/kN		误差	备注
	边框柱高/mm	肋柱混凝土强度等级	型钢面积/mm²	高厚比 H/b	有限元结果 N_j	公式计算结果 N_u	$\dfrac{N_u - N_j}{N_j}$	
1	200	C20	1970	16	4367	3960	−0.093	
2	200	C25	2462	20	4539	4262	−0.061	
3	200	C30	2955	24	4461	4495	0.008	
4	200	C40	3940	28	4607	4900	0.064	
5	300	C20	2462	24	4701	4413	−0.061	
6	300	C25	1970	28	4652	4183	−0.101	
7	300	C30	3940	16	4794	5092	0.062	根据正交列表的有限元计算结果
8	300	C40	2955	20	5339	5100	−0.045	
9	400	C20	2955	28	5016	4870	−0.029	
10	400	C25	3940	24	5081	5233	0.030	
11	400	C30	1970	20	5240	5083	−0.030	
12	400	C40	2462	16	5855	5373	−0.082	
13	500	C20	3940	28	5067	5371	0.060	
14	500	C25	2955	16	5538	5424	−0.021	
15	500	C30	2462	28	5540	5499	−0.007	
16	500	C40	1970	24	6140	5637	−0.082	
MLQT-1			0	14.5	2350	2260	−0.038	试验结果
MLQT-3			0	19.5	1900	2260	0.189	
MLQT-4			0	24	2300	2135	−0.072	

通过以上分析可知,影响型钢混凝土边框柱密肋复合墙体轴压承载力的因素较多,且相互影响。为能充分体现这些因素的影响,本书对影响因素采用正交法进行排列,以减少试验数量。正交试验列表及结果见表 5-3,通过表 5-3 有限元计算及试验结果与本书提出公式计算结果对比分析,二者最大相差 10%,表明二者吻合较好,公式离散性小,能可靠地计算构件的轴压承载力。

5.2 型钢混凝土边框柱密肋复合墙体抗剪承载力研究

5.2.1 复合墙体开裂荷载计算

型钢混凝土边框柱密肋复合墙体中的填充砌块既受到竖向压应力作用又受到横向剪应力作用,还受到肋梁肋柱的约束,因此其受力及破坏机理很复杂,因此,如何建立合理的破坏准则及其抗剪强度计算公式是一个需要解决的问题。

在研究砌体抗剪强度的理论中,最常用的是主拉应力破坏理论和库仑破坏理论。有关的试验研究结果表明,干砌(无砂浆)砌体也具有相当的抗剪强度。这样库仑理论可以解释这一现象,而最大主拉应力理论不能解释。反过来,在阶梯形裂缝刚出现的时候,作为墙体中某一"点"的破坏,主拉应力理论推导的公式可以解释,而库仑理论不好解释。前期试验表明,密肋复合墙体中填充砌块在压剪复合受力情况下,往往在砌块拼接处先产生裂缝,随后在砌块内部发生破裂,其破坏形态大致可分为三种:剪摩破坏、剪压破坏、斜压破坏。因此,用上述任何一种理论都无法全面解释复合墙体破坏现象。

文献[11]提出并证明的最小耗能原理指出:"任何耗能过程,都将在与其相应的约束条件下以最小耗能的方式进行"。该文献还证明了有关材料的破坏理论、材料的本构关系理论都可以在最小耗能原理这个统一的理论框架下得到。因此,鉴于新型复合墙体填充砌块受力及破坏的复杂性,用最小耗能原理建立其破坏准则是一种有益的尝试。

1.开裂荷载计算理论基础

最小耗能原理指出,对以微小单位体积所代表的各向异性材料中的任意点而言,如果认为材料在发生屈服或破坏之前是完全弹性体,并且把在屈服或破坏过程中因外力因素产生的不可恢复应变视为材料屈服或破坏过程中的唯一耗能机制,则可将该点在开始发生屈服或破坏时的耗能率表示为

$$\varphi(t) = \sigma_{ij}\dot{\varepsilon}_{ij}^N(t) \tag{5-17}$$

同时可将该点发生屈服或破坏耗能所必须满足的能量蓄积程度表达式(即强度准则)表示为

$$F(\sigma_{ij}, \varepsilon_{ij}) = 0 \tag{5-18}$$

式中　σ_{ij}——该点在屈服或破坏过程中的名义应力张量;

　　$\dot{\varepsilon}_{ij}^{N}(t)$——$t$ 时刻的不可恢复应变率张量;

　　ε_{ij}——应变张量;

　　$F(\sigma_{ij}, \varepsilon_{ij})$——待定的屈服或破坏函数。

对于在发生破坏耗能之前可视为具有三个相互垂直弹性对称面的所谓正交各向异性线弹性材料而言,新型复合墙受力为平面应力问题,因此不考虑 z 方向作用,如果使 x、y 轴与材料弹性主方向重合,则其在破坏前的本构关系是

$$\begin{cases} \varepsilon_x = S_{11}\sigma_x + S_{12}\sigma_y, & \gamma_{xy} = S_{33}\tau_{xy} \\ \varepsilon_y = S_{12}\sigma_x + S_{22}\sigma_y \end{cases} \tag{5-19}$$

其中,$S_{ij}(i,j$ 分别可取 $1,2,3)$ 为柔度系数。由上式可看出,正应变只和正应力有关,剪应力仅和剪应变有关,于是反映在外荷载作用下正交各向异性线弹性材料某点的能量蓄积程度表达式[式(5-18)],就可用该点名义应力的二次函数表示:

$$F(\sigma_x, \sigma_y, \tau_{xy}) = a_1\sigma_x^2 + a_2\sigma_y^2 + a_3\tau_{xy}^2 + a_4\sigma_x\sigma_y + a_5\sigma_x + a_6\sigma_y + a_7 \tag{5-20}$$

其中 $a_i(i=1,2,\cdots,7)$ 为待定系数。因为对正交各向异性材料而言,沿弹性主方向的材料抗拉、抗压强度通常不等,而抗剪基本强度则与剪应力的正负无关,所以式(5-20)仅包含有正应力的一次项而无剪应力的一次项。设已由试验测得该种材料的基本强度值分别为 f_{xt}、f_{xc}、f_{yt}、f_{yc}、f_{xyb}(它们分别表示沿两个弹性主方向 x、y 的单轴抗拉、抗压及与弹性主轴方向垂直面内的剪切强度),于是根据强度准则的基本性质,当沿 x 轴方向单向拉、压时,有

$$a_1\sigma_x^2 + a_5\sigma_x + a_7 = 0 \tag{5-21}$$

则可得

$$f_{xt} = \frac{-a_5 + \sqrt{a_5^2 - 4a_1a_7}}{2a_1}, \quad -f_{xt} = \frac{-a_5 - \sqrt{a_5^2 - 4a_1a_7}}{2a_1}$$

或

$$f_{xc} = \frac{-a_5 - \sqrt{a_5^2 - 4a_1a_7}}{2a_1}, \quad -f_{xc} = \frac{-a_5 + \sqrt{a_5^2 - 4a_1a_7}}{2a_1}$$

于是有

$$a_1 = -\frac{a_7}{f_{xt}f_{xc}}, \quad a_5 = \frac{f_{xt} - f_{xc}}{f_{xt}f_{xc}}a_7 \tag{5-22}$$

当沿 y 轴方向单轴拉、压时,同理有

$$a_2 = -\frac{a_7}{f_{yt}f_{yc}}, \quad a_6 = \frac{f_{yt} - f_{yc}}{f_{yt}f_{yc}}a_7 \tag{5-23}$$

当在 xy 平面内纯剪时,同理,由式(5-20)有

$$a_3 \tau_{xy} + a_7 = 0 \tag{5-24}$$

则有

$$a_3 = -\frac{a_7}{f_{xyb}^2} \tag{5-25}$$

将式(5-22)、式(5-23)、式(5-25)代入式(5-20),两边除以 $-a_7$ 得

$$F(\sigma_x, \sigma_y, \tau_{xy}) = \frac{\sigma_x^2}{f_{xt}f_{xc}} + \frac{\sigma_y^2}{f_{yt}f_{yc}} + \frac{\tau_{xy}^2}{f_{xyb}^2} + A_1 \sigma_x \sigma_y + \frac{f_{xc} - f_{xt}}{f_{xc}f_{xt}} \sigma_x + \frac{f_{yc} - f_{yt}}{f_{yc}f_{yt}} \sigma_y - 1 = 0 \tag{5-26}$$

式(5-26)即为材料在破坏前正交异性线弹性情况下的强度准则,其中 $A_1 = \dfrac{-a_4}{a_7}$。

填充砌块在受垂直荷载作用时,肋柱会对其产生横向约束,可通过增加砌块抗压强度的方法来考虑填充砌块上的横向约束。因此在公式中忽略横向约束的影响,即 $\sigma_x = 0$。由式(5-26)可得

$$\frac{\sigma_y^2}{f_{yt}f_{yc}} + \frac{\tau_{xy}^2}{f_{xyb}^2} + \frac{f_{xc} - f_{xt}}{f_{xc}f_{xt}} \sigma_y - 1 = 0 \tag{5-27}$$

填充砌块的抗剪强度计算公式为

$$\tau_{xy} = f_{xyb} \sqrt{1 - \frac{\sigma_y^2}{f_{yc}f_{yt}} - \frac{f_{yc} - f_{yt}}{f_{yc}f_{yt}} \sigma_y} \tag{5-28}$$

砌体通常有 $f_t = 0.05 f_c$ 的关系,考虑砌块均受压,不会出现受拉情况,由式(5-28)可得填充砌块强度平均值的表达式:

$$f_{v,m} = f_{v0,m} \sqrt{1 + 19 \frac{\sigma_y}{f_m} - 20 \left(\frac{\sigma_y}{f_m} \right)^2} \tag{5-29}$$

复合墙体中的砌块填充在由肋梁柱组成的框格中,框格尺寸一般为 $600 \sim 1000\text{mm}$,因此砌块的整体性很好,沿齿缝破坏是其最终破坏的次要因素,最终破坏是由于砌块主拉应力大于抗拉强度。按文献[5]提供的方法,砌块抗剪强度可采用下式:

$$f_{v0,m} = 0.32 f_m^{0.55} \tag{5-30}$$

式中 $f_{v0,m}$——砌体抗剪强度;

  f_m——砌体抗压强度。

在水平力 V 作用下,墙体可视为复合材料等效弹性板,如图 5-7 所示,故墙体中任意位置砌块的剪应力计算公式如下:

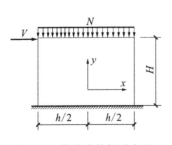

图 5-7　等效弹性板受力图

$$\tau_q = 1.2 \frac{VS}{I_z t} = \frac{7.2V}{th^3} \left(\frac{h^2}{4} - x^2 \right) \tag{5-31}$$

式中　h——砌块的截面长度；

　　　t——墙体的厚度。

$$V = f_{v0,m} \frac{th^3}{7.2\left(\frac{h^2}{4} - x^2\right)} \sqrt{1 + 19\frac{\sigma_y}{f_m} - 20\left(\frac{\sigma_y}{f_m}\right)^2} \tag{5-32}$$

2.墙体初始开裂荷载计算公式

墙体初始开裂荷载是指砌块在墙体的中部一定范围内首先出现一批均匀、细小裂缝时荷载-位移曲线（即骨架曲线）上所对应的荷载值，此时骨架曲线的曲率有一定的突变。

在计算墙体开裂荷载时，做如下基本假定：①墙体在达到开裂荷载前仍处于弹性阶段，其作为一个整体受力构件，可视为等效弹性板模型，内力计算符合线性叠加原理；②墙体开裂荷载计算可以视为平面应力问题；③由于混凝土的强度远大于砌块，故墙体的裂缝首先出现在砌块中。

将 $x=0$ 代入式（5-32）并考虑 η 的影响，得到墙体初始开裂荷载计算公式：

$$V = \frac{\eta th}{1.8} f_{v0,m} \sqrt{1 + 19\frac{\sigma_y}{f_m} - 20\left(\frac{\sigma_y}{f_m}\right)^2} \tag{5-33}$$

式中　η——高宽比影响系数，取 $\eta = 0.66 + 0.24h/H$；

　　　h——墙体宽度；

　　　H——墙体高度。

在实际工程中，复合墙板基本上为正方形，因此 η 可取 1.0。

5.2.2　破坏机理

墙体在水平及竖向荷载作用下，型钢混凝土边框柱密肋复合墙体存在两大部分相互作用：边框与复合墙板（肋格、砌块组成）之间的相互作用，边框不仅自身承受一定的荷载，还向复合墙板传递相当大的一部分荷载；同时，复合墙板中肋格与砌块之间也存在复杂的相互作用，各组件相互作用的方式决定了复合墙体协同工作的性能。弹性阶段，边框与复合墙板完全变形协调，二者之间内力的传递均匀且幅值较小，墙体可视为一个整体弹性板。进入弹塑性阶段，砌块中出现沿砌块主对角线的轻微弥散裂缝，边框与复合墙板变形仍比较协调，但复合墙板中框格与砌块的变形已经不能达到完全协调，砌块的受压区主要集中在加荷角区附近，远离加荷角区的框格与砌块之间的相互作用较小，可以忽略。砌块中最大主应力表现为沿砌块主对角线方向的主压应力，即砌块主要承受沿对角线方向的压力。随着墙体塑性的发展，砌块中的裂缝不断发展、扩大，并延伸至肋格，复合墙板中框格与砌块的协同工作性能逐步减弱，二者之间内力的传递主要依靠等效斜压杆。随着墙体的不断破坏、损伤,复合墙板砌块等效斜压杆和肋格的力学性质也不断发生变化,主要体现在斜压杆等效轴向刚度 EA 的逐步衰减和框格中裂缝的出现与发展,直至达到墙体的抗剪极限承载力阶段。在整个墙体的破坏过程中,边框柱中出现的均是水平裂缝,基本未出现斜裂缝,边框柱未达到其抗剪强度。

型钢混凝土边框柱密肋复合墙体抗剪承载力主要由型钢混凝土边框柱与复合墙板组成,下面分别对抗剪计算模式进行分析。

5.2.3 剪切承载力的组成

整个结构受到横向荷载作用时,一部分水平荷载传给型钢混凝土边框柱,一部分水平荷载传给复合墙板。影响边框柱抗剪承载力的因素主要有型钢抗剪承载力(V_a)和边框柱混凝土抗剪承载力(V_c)。影响复合墙板抗剪承载力的主要因素归结为砌体的抗剪承载力(V_m)、肋梁的抗剪承载力(V_h)和肋柱的抗剪承载力(V_v)。这些主要抗剪因素的作用和相对比例,在墙体不同受力阶段随裂缝的形成和发展而不断地发生变化。复合墙体的极限承载力是以上几部分的总和:

$$V_u = V_c + V_a + V_m + V_h + V_v \tag{5-34}$$

5.2.4 复合墙体各部分抗剪承载力计算模式

1. 型钢混凝土边框柱

本书及前期试验研究均表明,复合墙体中边框柱承担一部分水平剪力,但其抗剪承载力并未充分利用。本书 3.2 节从理论上研究了边框柱与复合墙板协同工作机理,研究指出,边框柱与复合墙板承担的水平剪力主要与边框柱与复合墙板的抗弯刚度比、边框柱和复合墙板的截面高度及整个复合墙体的高宽比相关。在边框中加入型钢后,型钢及边框柱混凝土对复合墙体的抗剪作用是研究复合墙体抗剪承载力的一个重要问题。

表 5-4 所示为改变型钢及边框柱混凝土横截面面积的有限元计算结果,有限元基本模型及分析对象同 5.1.3 节。忽略剪跨比(高宽比)影响,高宽比均为1:1。

表 5-4　　　　　　　　　　　　**复合墙板抗剪承载力计算结果**

试件编号	型钢截面为Ⅰ形 $h \times b \times t_w \times t$	型钢截面面积/ mm²	边框柱截面尺寸 $b \times h/(\text{mm} \times \text{mm})$	抗剪承载力/ kN
ML1101	无	0	200×200	258
GML-1111	Ⅰ $100 \times 100 \times 4.5 \times 7.6$	1970	200×200	316
GML-1141	Ⅰ $100 \times 100 \times 9 \times 15.2$	3940	200×200	362

试件编号	型钢截面为Ⅰ形 $h \times b \times t_w \times t$	型钢截面面积/ mm²	边框柱截面尺寸 $b \times h / (\text{mm} \times \text{mm})$	抗剪承载力/ kN
ML2101	无	0	200×300	302
GML-2111	Ⅰ 100×100×4.5×7.6	1970	200×300	369
GML-2141	Ⅰ 100×100×9×15.2	3940	200×300	403
ML3101	无	0	200×400	357
GML-3111	Ⅰ 200×100×4×5.85	1970	200×400	441
GML-3141	Ⅰ 200×100×8×11.7	3940	200×400	489
ML4101	无	0	200×500	400
GML-4111	Ⅰ 300×100×4×3.85	1970	200×500	490
GML-4141	Ⅰ 300×100×8×7.7	3940	200×500	540

注:表中 h、b、t_w、t 的单位均为 mm。

（1）型钢。

图 5-8 所示为随着边框柱截面及型钢截面面积变化,型钢所承担的抗剪强度利用率,横坐标为型钢截面面积,纵坐标为型钢抗剪强度利用率系数(加入型钢增加承载力与 $f_a A_a$ 比值)。由图可知,当型钢截面面积相等时,惯性矩越大,型钢抗剪利用率越高,对同一种截面边框柱,只是型钢壁厚增加,而高度不变化,截面惯性矩增加不大,则其利用率会降低,这些均与 3.2 节理论分析结果一致。试件 GML-4111 中型钢抗剪利用率最高,达到 10.5%,试件 GML-1141 利用率最低,为 6%,其他情况的利用率在6.5%~8.5%之间变化。考虑实际工程中,型钢壁厚均要大于试件 GML-4111 中型钢宽厚比,并且小于试件 GML-1141 中型钢宽厚比,由 3.2 节的分析可知,边框柱与复合墙板分担的剪力与二者的截面高度有关,根据分析,型钢抗剪利用率取 h_c/B 符合较好,其中,h_c 是左右两边框柱截面高度平均值,即 $h_c = \dfrac{h_{cR}+h_{cL}}{2}$,$B$ 为复合墙体总宽。型钢抗剪承载力按下式计算:

$$V_a = \frac{h_c}{B} f_a A_a \tag{5-35}$$

式中　V_a——型钢抗剪承载力;

　　　f_a——型钢抗拉屈服强度;

　　　A_a——型钢截面面积。

（2）混凝土。

通过有限元分析发现,对于不配置型钢的试件 ML3101 和 ML4101,当边框柱

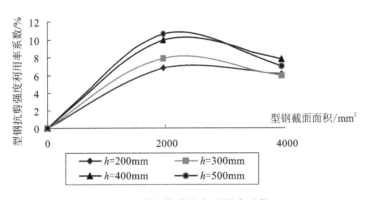

图 5-8　型钢抗剪强度利用率系数

柱脚混凝土达到极限压应变时,中间肋梁纵筋并未全部达到屈服,整个墙体是以边框柱混凝土压碎而达到极限承载力,表明对于普通密肋复合墙体结构,过大的边框柱对结构的破坏是不利的。因此,对于普通密肋复合墙体,建议单个边框柱的截面高度不大于复合墙体总截面高度的 12%,边框柱总截面高度不超过复合墙体总截面高度的 30%。加入型钢后的试件 GML-3111、GML-3141、GML-4111 及 GML-4141 均是以所有肋梁纵筋屈服而达到极限承载力的,表明边框柱中加入型钢后,不仅明显提高了结构的抗剪承载力,同时,由于大大增加了边框柱抗压承载力,该结构体系向有利的破坏形态转变。

通过对表 5-4 分析可得出,边框柱混凝土抗剪强度提高系数与型钢具有相同原理,即边框柱混凝土抗剪强度提高系数随边框柱截面尺寸加大而加大。因此,边框柱混凝土抗剪承载力取为:

$$V_c = \frac{h_c}{B} f_c A_c \qquad (5-36)$$

式中　h_c——两边边框柱截面高度平均值,$h_c = \frac{h_{cR} + h_{cL}}{2}$;

　　　B——复合墙板总宽度;

　　　f_c——边框柱混凝土抗压强度;

　　　A_c——边框柱截面面积(扣除其中型钢截面面积)。

2. 复合墙体

(1)肋梁。

试验中,肋梁钢筋始终受拉;在达到墙体极限荷载时,中间肋梁钢筋全部屈服;当中间肋梁钢筋大部分退出工作时,墙体的抗剪承载力迅速降低。这说明肋梁纵筋受拉直接承担对力的传递所产生的墙体水平剪应力,是影响墙体抗剪承载力的主要因素之一。

肋梁纵筋除了直接承受水平荷载外,它与肋柱纵筋构成的钢筋骨架建立起对砌块的约束,增加了砌块开裂后的开裂面切向摩擦力;它在斜裂缝两侧的混凝土块体之间起到了水平销钉作用,从而抑制了斜裂缝的开展,增强了混凝土骨料间的咬合力;而且,肋梁纵筋的存在,将肋柱纵筋固定,起到阻止肋柱纵筋剪切变形的作用,因而增加了肋柱纵筋的销栓作用。

试验及有限元分析表明,肋梁在整个受力过程中始终处于受拉状态,当中间肋梁全部屈服后,墙体即达到极限状态,肋梁混凝土全部开裂,但靠近边框梁的上下两根肋梁纵筋应变非常小,因此,中间肋梁纵筋强度全部考虑,上下两根肋梁纵筋不考虑,肋梁混凝土不考虑,则肋梁所承担的剪力为:

$$V_h = (n-2)f_{yh}A_{sh} \tag{5-37}$$

式中　f_{yh}——肋梁纵筋的设计强度(取值不大于 300N/mm^2);

　　　A_{sh}——肋梁纵筋截面面积;

　　　n——墙体中肋梁数量。

(2)肋柱。

试验中达到墙体极限荷载时,边肋柱、中肋柱的钢筋均受拉,说明肋柱纵筋主要通过销栓作用直接承担水平剪应力,对墙体的抗剪强度有一定的贡献。

肋柱纵筋除了直接发挥销栓作用外,一方面,它与肋梁纵筋构成的钢筋骨架建立起对砌块的约束,增加了砌块开裂后开裂面的切向摩擦力;另一方面,它在斜裂缝两侧的混凝土块体之间起到了垂直销钉作用,从而抑制了斜裂缝的开展,增强了混凝土骨料间的咬合力,有利于保留较大的剪压区,延缓剪切破坏,间接提高了墙体的抗剪能力。

通过计算分析得出,肋柱对复合墙体直接抗剪承载力的贡献不超过3%,因此,在抗剪承载力计算中,忽略肋柱的影响,则

$$V_v = 0 \tag{5-38}$$

(3)填充砌块。

试验研究及有限元计算表明,在墙体开裂之前,几乎全部剪力由边框柱混凝土和砌块承担,肋梁纵筋的应力很低。首先,砌块中出现主拉斜裂缝,并形成均布于整片墙体的细小裂缝,开裂区砌块提供的抗剪作用逐渐增大;随着裂缝的不断发展,荷载的增大,斜裂缝继续发展,肋梁中的钢筋应力迅速增加,肋梁纵筋开始发挥相应抗拉作用,承担的剪力逐渐增大,并有效地约束斜裂缝开展;荷载继续增大,个别肋梁纵筋率先屈服,此时斜裂缝开展较宽,开裂区混凝土、砌块的抗剪承载力逐步减小,而肋柱纵筋的销栓力和未开裂混凝土及砌块承担的剪力稍有增加。在结构达到极限状态时,砌块基本全部破裂。根据有限元分析,并参照密肋复合墙体、配筋砌块砌体及组合砖砌体的相关文献,墙体填充砌块所承担的剪力取为:

$$V_{\mathrm{m}} = 0.6 f_{\mathrm{m,v}} A_{\mathrm{m}} \qquad (5\text{-}39)$$

式中　$f_{\mathrm{m,v}}$——填充砌块抗剪强度设计值；

　　　A_{m}——填充砌块横截面面积。

5.2.5　影响因素分析

1. 竖向压应力

在竖向压应力作用下,墙体斜向主拉应力降低,从而推迟斜裂缝的开展,提高墙体受剪承载力。竖向压应力 σ_{y} 对密肋复合墙体抗剪强度的影响即为竖向下压力 N 对墙体抗剪强度的影响。在轴压比不大的情况下,随着 σ_{y} 的增加,墙体的抗剪能力增大。因此,增大 σ_{y} 能有效地提高墙体的抗剪承载力。但当竖向正应力达到一定值时,墙体破坏形态转为斜压破坏,σ_{y} 的增加反而使墙体的抗侧强度有所降低。由于边框柱在水平荷载作用时并未出现斜截面破坏,竖向正应力的增加并不能增加边框柱的抗剪承载力,竖向正应力仅提高复合墙板的抗剪承载力。一方面,竖向压力提高了填充砌块的受剪承载力;另一方面,竖向压力的存在,增大了砌块与肋梁之间以及砌块拼缝之间的摩擦力,阻止了块体之间的滑移,延缓裂缝的开展。

图 5-9 所示为竖向压应力与抗剪承载力提高系数图,纵坐标为抗剪承载力提高系数,用 $\alpha = \Delta V/N$ 表示,横坐标为轴压力与砌体抗压强度比值 $[\beta = N/(f_{\mathrm{m}} A_{\mathrm{m}})]$。从图中可以看出,当 β 超过 0.7 以后,随着竖向压应力增大,复合墙体抗剪承载力不增反降。在竖向压应力作用下,复合墙体抗剪承载力提高均在 $0.05N$ 左右,最大提高了 $0.065N$,最小提高了 $0.03N$ 左右,随着竖向压应力的增加,抗剪承载力提高系数会有所增加。同时,边框柱截面高度小时的提高系数大于边框柱截面高度大时的情况。在竖向压应力作用下,复合墙体提高系数取其平均值 $0.05N$。

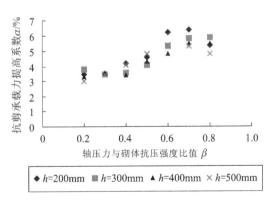

图 5-9　竖向压应力与抗剪承载力提高系数图

2．墙体高宽比（剪跨比）

本书试验表明，墙体高宽比 λ 较小时，墙体破坏特征表现为在墙体中部产生并向两对角发展的交叉斜裂缝而导致的剪切破坏。随着高宽比的增加，弯矩的影响逐渐明显，墙根部会出现水平裂缝，受拉侧纵筋应力增加较大，但达到极限荷载时，受拉侧纵筋并未屈服，仍属于剪切破坏。当高宽比超过一定值后，墙体内始终未出现斜裂缝，承载力由墙底截面弯曲破坏控制。两种破坏的界限高宽比在密肋复合墙中一直没有完全明确；当墙体发生剪切破坏时，高宽比对墙体的抗剪强度影响非常明显。高宽比影响墙内正应力和剪应力的比值，即应力状态，对剪切破坏控制的抗侧承载力的影响很大。试验表明，其他条件相同，高宽比越大，墙体的抗剪强度越小，如试件 GML-2（高宽比为 2）的抗剪承载力比试件 GML-3（高宽比为 3）大 18％左右，墙体破坏特征随着高宽比的增加，由剪切破坏过渡到弯曲破坏。

本书共进行了 16 组有限元计算，有限元计算参数变化包括不同高宽比、型钢截面面积、边框柱截面高度及竖向正应力等。

引入无量纲参数：

$$\eta(\lambda) = \frac{V_u - V_h - V_a/\lambda}{V_m + V_c + 0.05N} \quad (5\text{-}40)$$

由 16 片墙的有限元计算结果拟合成一条曲线，如图 5-10 所示。

$$\eta(\lambda) = \frac{1}{0.5\lambda + 1} \quad (5\text{-}41)$$

其拟合相关系数为 0.873。

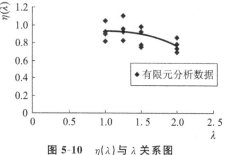

图 5-10　$\eta(\lambda)$ 与 λ 关系图

5.2.6　型钢混凝土边框柱密肋复合墙体斜截面承载力计算

本书根据以上论述、试验及非线性有限元分析结果，考虑边框柱与复合墙板协同工作性能，提出型钢混凝土边框柱密肋复合墙体抗剪承载力计算公式：

$$V_u = \frac{1}{1 + 0.5\lambda}(\alpha f_c A_c + 0.6 f_{m,v} A_m + 0.05N) + \frac{\alpha f_a A_a}{\lambda} + (n-2)f_{yh}A_{sh}$$

$$(5\text{-}42)$$

式中　α ——边框柱混凝土及型钢强度利用系数，$\alpha = \dfrac{h_{cR} + h_{cL}}{2B}$；

h_{cR}, h_{cL} ——左、右两边框柱截面高度；

B ——复合墙板总宽度；

f_c, f_a ——混凝土抗压强度和型钢抗拉强度设计值；

$f_{m,v}$ ——填充砌块抗剪强度设计值；

λ ——计算截面处墙体的剪跨比，$\lambda = M/(Vh)$，$1.0 \leqslant \lambda \leqslant 2.0$，$\lambda < 1.0$ 时取

$\lambda=1.0,\lambda>2.5$ 时取 $\lambda=2.5$；

A_c,A_a,A_m——边框柱中混凝土面积（减去型钢截面面积）、型钢截面面积及填充砌块截面积；

N——墙体承受的轴向正压力设计值；

f_{yh}——肋梁纵筋的设计强度（取值不大于 300N/mm^2）；

A_{sh}——墙体中一个肋梁的钢筋截面面积；

n——墙体中肋梁数量。

表 5-5 所示为有限元分析及试验结果与简化公式计算结果对比表，该表中有限元基本模型（复合墙板尺寸、材料特性）同 5.1.3 节。从表 5-5 的对比情况可以看出，对于高宽比为 1.0 的情况，简化公式计算值均大于有限元分析及试验结果，而当高宽比大于 1.0 时，简化公式计算值均小于有限元分析及试验结果，但总体来说，误差均在 10% 以内，本书提出的公式具有一定的精度。

表 5-5　　　　　有限元分析及试验结果与简化公式计算结果对比表

试件编号	参数变化				抗剪承载力/kN		误差	备注
	边框柱高/mm	竖向压力 N/kN	型钢截面面积/mm²	高宽比 H/B	有限元结果 V_j	公式计算结果 V_u	$\dfrac{V_u-V_j}{V_j}$	
1	200	256	1970	1.0	311	317.76	0.02	
2	200	384	2462	1.25	338	324.81	−0.04	
3	200	512	2955	1.5	347	334.27	−0.04	
4	200	768	3940	2.0	359	334.77	−0.07	
5	300	256	2462	1.5	375	389.26	0.04	
6	300	384	1970	2.0	367	359.15	−0.02	
7	300	512	3940	1.0	418	467.59	0.12	根据正交列表的有限元计算结果
8	300	768	2955	1.25	436	410.76	−0.06	
9	400	256	2955	2.0	454	443.77	−0.02	
10	400	384	3940	1.5	531	511.24	−0.04	
11	400	512	1970	1.25	473	459.63	−0.03	
12	400	768	2462	1.0	459	504.28	0.10	
13	500	256	3940	1.25	649	637.79	−0.02	
14	500	384	2955	1.0	593	635.22	0.07	
15	500	512	2462	2.0	533	503.88	−0.05	
16	500	768	1970	1.5	542	529.83	−0.02	

试件编号	参数变化				抗剪承载力/kN		误差	备注
	边框柱高/mm	竖向压力 N/kN	型钢截面面积/mm²	高宽比 H/B	有限元结果 V_j	公式计算结果 V_u	$\dfrac{V_u - V_j}{V_j}$	
GML-1	100	110	690	1	138	145	0.05	
GML-2	120	110	690	2	118	110.2	−0.07	试验结果
GML-3	120	110	690	3	97	89.3	−0.08	

5.3 型钢混凝土边框柱密肋复合墙体正截面承载力研究

5.3.1 基本假定

(1)进行墙体正截面极限承载力分析时,墙体模型采用等效弹性板模型。

试验研究及有限元分析表明,密肋复合墙体发生剪切破坏和弯曲破坏是一个动态过程,当密肋复合墙体中肋梁纵筋屈服先于边框柱混凝土达到极限压应变时,密肋复合墙体最终发生的是剪切破坏,反之则发生弯曲破坏。在密肋复合墙体肋梁纵筋屈服前,复合墙板中填充砌块发生的均是弥散性细微裂缝,整个墙板的力-位移曲线并无明显的转折,构件始终处于弹性阶段。

(2)墙体正截面符合平截面假定。

本书4.3.2节研究了型钢混凝土边框柱密肋复合墙体在水平单调荷载作用下墙体底部的应变分布情况,该研究指出,当墙体高宽比较小时,由于复合墙板中填充砌块的剪切应变较大,墙体不符合平截面假定,但对于边框及肋柱来说,基本符合平截面假定。随着高宽比的增大,墙体逐渐由剪切破坏向弯曲破坏过渡,整个墙体底面的应变逐渐形成较规则的直线。当墙体高宽比达到一定值而使结构发生弯曲破坏时,整个墙体底面的应变基本符合平截面假定。图5-11是当型钢混凝土边框柱密肋复合墙体发生弯曲破坏时,有限元计算的整个墙体下部应变变化图。从图中可看出,墙体受压区基本符合平截面假定。而对于平截面假定,真正有意义的正是这一段,因此,发生弯曲破坏的型钢边框柱密肋复合墙体可以采用平截面假定进行正截面承载力计算。

(3)不考虑混凝土、砌块的抗拉强度。

这是为计算方便而采用的一个合理假定。因为混凝土及砌块的抗拉强度很低,一般只有其抗压强度的1/10或更小。对于偏压构件,中和轴以下的混凝土能承受的拉应力合力很小,同时内力臂也很小,对破坏弯矩影响更微小。因此,在正

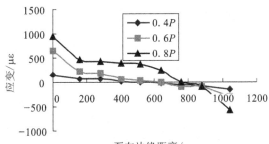

图 5-11 弯曲破坏时墙体底部横截面 y 向正应变变化图

截面承载力计算中不计混凝土及填充砌块抗拉强度是完全可以的。

（4）不考虑钢筋与混凝土、混凝土与砌块及型钢与混凝土之间的滑移。

（5）达到承载力极限状态时,受压区边缘混凝土达到混凝土极限压应变值0.003。

（6）在正常配钢情况下,无论哪种破坏形态,与轴压力较近一侧的受压钢筋和型钢受压翼缘均能达到受压屈服强度。大偏心破坏（受拉破坏）时,受拉钢筋和型钢受拉翼缘均能达到受拉屈服强度。

（7）不考虑复合墙板中间两根肋柱对抗弯承载力的贡献。

由于复合墙板中间两根肋柱位于整个墙体的中部,应力较小,并且肋柱按最小构造要求配筋,配筋量极少,因此,忽略其作用对整个结构分析影响不大,简化计算模型如图 5-12 所示。

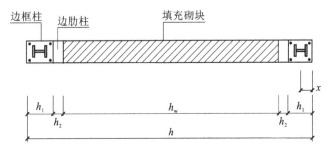

图 5-12 简化计算模型

5.3.2 等效矩形应力图形

如果采用非均匀受压构件的受压区曲线应力进行正截面承载力计算,其过程十分烦琐,在实用公式的推导过程中,可用等效矩形应力图形（图 5-13）替代曲线图形,以方便计算。代换的原则是：

①实际应力图形的合力与等效矩形应力图形的合力数值相等;

②两种应力图形的合力位置不变。

等效矩形应力图形的应力值为 $\alpha_1 f$,其受压区高度 $\overline{x} = \beta_1 x$。α_1、β_1 的求解分不同的材料本构关系分别计算。根据等效矩形应力图形代换原则,参照文献[8],计算求得 $\alpha_1 = 0.9, \beta_1 = 0.82$。

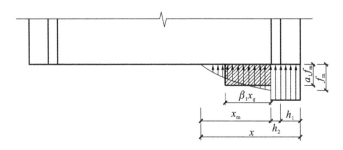

图 5-13 等效矩形应力图形

(1)受压区混凝土。

混凝土边框柱的截面大小较墙体尺寸小得多,故为了简化计算,并考虑三种受力情况在分界点的连续性,假定在正截面承载力极限状态时,受压区混凝土截面应力呈矩形分布,且达到极限抗压强度 f_c。

(2)受压区砌块。

当 $x > h_1 + h_2$ 时,假定受压侧砌块与受压区混凝土边框柱相交处的应力达到砌块的极限抗压强度 f_m,受压区砌块的曲线应力图形等效为矩形。

(3)砌块本构关系。

文献[23]在轻质加气混凝土砌块单轴受压试验基础上,建立轻质加气混凝土砌块单轴受压本构模型。根据该文献的研究结果,轻质加气混凝土砌块单轴受压应力-应变关系数学表达式见式(4-63)、式(4-64)。

5.3.3 正截面承载力实用计算公式

1. 两类弯曲破坏形态的界限状态及判别

与其他结构形式的压弯构件类似,型钢混凝土边框柱密肋复合墙体偏心受压时的正截面破坏形态分为大偏心受压破坏(拉压破坏)和小偏心受压破坏(受压破坏)两大类,而这两类破坏的界限状态亦称为界限破坏。当受拉边框柱型钢受拉翼缘应力达到屈服强度的同时,受压边框柱外边缘混凝土达到极限压应变的状态,是两类破坏形态的界限状态。

填充砌块与边框柱混凝土属于两种材料,有可能出现填充砌块被压碎而边框柱混凝土未被压碎的可能性,但由于填充砌块的极限压应变大于混凝土极限压应变,因此不可能出现上述情况,本书界限破坏仅考虑边框柱混凝土被压碎一种情况。

因此,由平截面假定,界限破坏时的实际受压区高度 x_b 及界限相对受压区高度可按下式计算:

$$x_b = \left(\frac{\varepsilon_{cu}}{\varepsilon_{cu} + \varepsilon_y}\right)h_0 = \frac{1}{1 + \dfrac{f_y}{E_s \varepsilon_{cu}}}h_0 \tag{5-43}$$

式中　　x_b——界限受压区高度;

　　　　h_0——计算高度;

　　　　ε_{cu}——混凝土极限压应变;

　　　　E_s——受拉边框柱型钢弹性模量;

　　　　f_y——受拉边框柱型钢抗拉强度设计值。

当 $x \leqslant x_b$ 时为大偏心受压破坏,反之则为小偏心受压破坏。

2.复合墙体大偏心受压计算

型钢混凝土边框柱密肋复合墙体大偏心受压时,型钢受拉翼缘先开始屈服,而后受压柱混凝土被压碎而破坏。由于边框柱截面相对整个墙体较小,在大偏心受压时,按受压区型钢全部屈服考虑。为了能适应双向水平力(如风、水平地震)作用的情况,结构经常采用对称配筋及配钢,即 $A_a = A_a'$,$A_s = A_s'$,若无特别说明,本书以下所有推导均按此处理。结合墙体的简化计算模型,在大偏心受压时,受压区高度有可能进入填充砌块,也有可能仅限于边框柱,因此,以下给出了墙体在这两种不同受力情况下的大偏心受压承载力实用计算公式。

(1)第一种情况:$h_1 + h_2 < x \leqslant h - h_1 - h_2$,如图 5-14 所示。

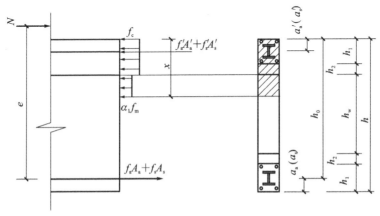

图 5-14　第一种情况

由图 5-14 的应力图形,根据力的平衡可得

$$N = (h_1 + h_2)bf_c + (x - h_1 - h_2)b\alpha_1 f_m \tag{5-44}$$

$$x = \frac{N - (h_1 + h_2)bf_c}{b\alpha_1 f_m} + h_1 + h_2 \tag{5-45}$$

$$Ne \leqslant (h_1 + h_2)bf_c\left(h_0 - \frac{h_1 + h_2}{2}\right) + (x - h_1 - h_2)b\alpha_1 f_m\left(h_0 - h_1 - h_2 - \frac{x - h_1 - h_2}{2}\right) +$$
$$f_a'A_a'(h_0 - a_a') + f_s'A_s'(h_0 - a_s') \tag{5-46}$$

式中　f_c——混凝土轴心抗压强度设计值;

　　　f_m——砌块轴心抗压强度设计值;

　　　b——墙体的厚度;

　　　f_s'——钢筋抗压强度设计值;

　　　A_s'——墙体底面上受压区钢筋的截面面积;

　　　A_a',f_a'——墙体底面受压型钢截面面积和抗压强度设计值;

　　　x——墙体底面上实际受压区高度;

　　　h_0——受压型钢合力点至墙体截面远边的距离;

　　　N——墙体轴向压力设计值;

　　　a_a',a_s'——受压区型钢和纵向普通钢筋合力点至截面受压边缘的距离;

　　　e——轴向压力作用点至受拉区型钢合力点的距离。

(2)第二种情况:$2a_a' \leqslant x \leqslant h_1 + h_2$,如图 5-15 所示。

$$N = xbf_c \tag{5-47}$$

$$x = \frac{N}{bf_c} \tag{5-48}$$

$$Ne \leqslant xbf_c\left(h_0 - \frac{x}{2}\right) + f_a'A_a'(h_0 - a_a') + f_s'A_s'(h_0 - a_s') \tag{5-49}$$

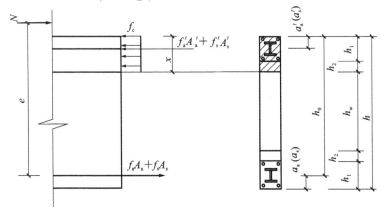

图 5-15　第二种情况

为保证截面破坏时,受压型钢及钢筋能达到其抗压强度,必须满足 $x \geqslant 2a'_{a}$,否则按 $x = 2a'_{a}$ 处理。当 $x < 2a'_{a}$ 时,可偏安全取内力臂 $z = h_0 - a'_{a}$,并对受压型钢合力点取矩,则可得

$$Ne' = f_a A_a (h_0 - a_a) + f_s A_s (h_0 - a_s) \tag{5-50}$$

式中 f_s——钢筋抗拉强度设计值;

A_s——墙体底面上受拉区钢筋的截面面积;

e'——轴向压力作用点至受压型钢合力点的距离。

3.复合墙体小偏心受压计算

在小偏心受压时,截面部分受压或全部受压,如图 5-16、图 5-17 所示。当截面部分受压时,受压型钢及钢筋达到其抗压强度,受拉钢筋及型钢未达到屈服应力。当全截面受压时,靠近轴向力一侧的受压型钢及钢筋达到其抗压强度,而远离轴向力一侧的型钢及钢筋可能未达到其抗压强度也可能达到其抗压强度。受拉或远离轴向力一侧的型钢及钢筋应力可根据平截面假定,由变形协调条件确定。由此可得

$$\sigma_a (\sigma_s) = 0.0033 E_s \left(\frac{h_0}{x_b} - 1 \right) \tag{5-51}$$

$$x_b = \beta_1 (x - h_1 - h_2) + h_1 + h_2 \tag{5-52}$$

以下给出了墙体在这两种不同受力情况下的小偏心受压承载力实用计算公式:

$$N = (h_1 + h_2) b f_c + (x - h_1 - h_2) b \alpha_1 f_m + f'_a A'_a + f'_s A'_s - \sigma_a A_a - \sigma_s A_s \tag{5-53}$$

$$Ne \leqslant (h_1 + h_2) b f_c \left(h_0 - \frac{h_1 + h_2}{2} \right) + (x - h_1 - h_2) b \alpha_1 f_m \left(h_0 - h_1 - h_2 - \frac{x - h_1 - h_2}{2} \right) +$$
$$f'_a A'_a (h_0 - a'_a) + f'_s A'_s (h_0 - a'_s) \tag{5-54}$$

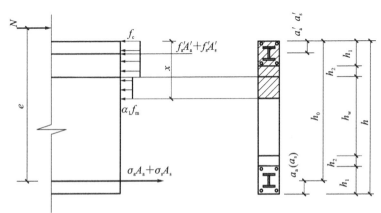

图 5-16　部分截面受压

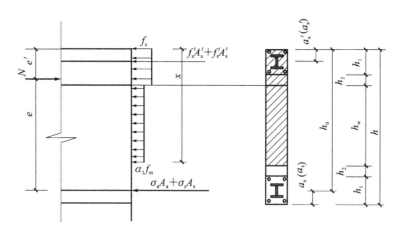

图 5-17 全截面受压

式中符号意义同前。

在实际计算中,首先判断大、小偏心,然后判断不同情况,求 x 后可得到复合墙体的正截面承载力。

 参考文献

[1] 黄炜,姚谦峰.内填砌体的密肋复合墙体极限承载力计算[J].土木工程学报,
2006,39(3):68-78.

[2] 王爱民.中高层密肋壁板结构密肋复合墙体受力性能及设计方法研究[D].西
安:西安建筑科技大学,2006.

[3] 黄炜.密肋复合墙体抗震性能及设计理论研究[D].西安:西安建筑科技大
学,2004.

[4] 周铁刚,黄炜,姚谦峰,等.新型复合墙体在竖向荷载作用下的承载力研究[J].
工业建筑,2002,35(8):56-59.

[5] 杨伟军,施楚贤.灌芯配筋砌体墙体轴心受压承载力研究[J].建筑结构,2002,
32(2):23-26.

[6] 施楚贤.砌体结构理论与设计[M].2 版.北京:中国建筑工业出版社,2003.

[7] 田瑞华.混凝土空心小砌块配筋砌体墙体的承载力试验研究与理论分析[D].
西安:西安建筑科技大学,2001.

[8] 过镇海.钢筋混凝土原理[M].北京:清华大学出版社,1999.

[9] 赵鸿铁.钢与混凝土组合结构[M].北京:科学出版社,2001.

[10] 中华人民共和国住房和城乡建设部.JGJ 138—2016 组合结构设计规程[S].北京:中国建筑工业出版社,2016.

[11] 杨伟军,施楚贤.配筋砌块砌体剪力墙抗剪承载力研究[J].建筑结构,2001(9):25-27.

[12] Shing P B,Schuller M,Hoskere V S,et al. Flexural and shear response of reinforced masonry walls [J]. ACI Structural Journal, 1990, 87(6): 646-656.

[13] 周筑宝.最小耗能原理[M].北京:科学出版社,2001.

[14] 王传志,滕志明.钢筋混凝土结构理论[M].北京:中国建筑工业出版社,1985.

[15] 阎宝民,王腾.混凝土小砌块剪力墙斜截面抗剪承载力计算公式的研究[J].建筑结构,2000(3):10-12.

[16] 全成华,唐岱新.高强砌块配筋砌体剪力墙抗剪性能试验研究[J].建筑结构学报,2002,23(2):79-87.

[17] 董宇光,吕西林,丁子文.型钢混凝土剪力墙抗剪承载力计算公式研究[J].工程力学,2002,24(S1):114-118.

[18] 乔彦明,钱稼茹,方鄂华.钢骨混凝土剪力墙抗剪性能的试验研究[J].建筑结构,1995,25(8):3-7.

[19] 熊立红,张敏政.设置芯柱-构造柱混凝土砌块墙体抗震剪切承载力计算[J].地震工程与工程振动,2004,24(2):82-87.

[20] 杨建江,高永孚,赵彤.带构造柱加圈梁混凝土砌块砌体抗剪强度分析[J].建筑结构学报,1998,19(3):64-69.

[21] 梁建国,张望喜,郑勇强.钢筋混凝土-砖砌体组合墙抗震性能[J].建筑结构学报,2003,24(3):61-71.

[22] 张杰.密肋复合墙板受力性能及斜截面承载力实用设计计算方法研究[D].西安:西安建筑科技大学,2004.

[23] 孟宏睿.生态轻质水泥基墙体材料性能及密肋复合墙体弹塑性分析模型研究[D].西安:西安建筑科技大学,2007.

[24] 中华人民共和国住房和城乡建设部,中华人民共和国国家质量监督检验检疫总局.GB 50010—2010 混凝土结构设计规范(2015 年版)[S].北京:中国建筑工业出版社,2016.

[25] 蔡贤辉,张前国.组合砌体剪力墙的抗弯承载能力[J].建筑结构.1999(3):3-6.

[26] 刘先明,李爱群,叶继红.带边框砌体剪力墙承载力和变形的计算分析[J].东南大学学报:自然科学版,2001,31(1):62-68.

[27] 中华人民共和国住房和城乡建设部,中华人民共和国国家质量监督检验检疫总局. GB 50003—2011　砌体结构设计规范[S]. 北京:中国建筑工业出版社,2011.

[28] 张同亿.复合墙异型柱组合结构抗震性能及设计方法研究[D].西安:西安建筑科技大学,2001.

6 型钢混凝土边框柱密肋复合墙体结构抗震设计方法研究

6.1 型钢混凝土边框柱密肋复合墙体延性及轴压比限值研究

密肋复合墙体结构是一种节能抗震型建筑结构新体系,已在中高层建筑中得到应用。但是其抗震设计基本上是基于承载力的抗侧力设计,而基于承载力的设计并不能保证其达到预期的耗能能力和延性要求。在《密肋复合板结构技术规程》(JGJ/T 275—2013)中,为保证该结构具有一定的延性,借鉴钢筋混凝土剪力墙的规定,给出了轴压比限值。但型钢混凝土边框柱密肋复合墙体是一种复合结构,与钢筋混凝土剪力墙有些不同,按其规定的轴压比限值未必能确保密肋复合墙体的变形能力,因此有必要对密肋复合墙体延性进行研究,提出保证其延性的轴压比限值。

型钢混凝土边框柱密肋复合墙体在竖向力与水平力作用下,一般有两种破坏模式:剪切破坏与弯曲破坏。前期大量的试验研究表明,低层密肋复合墙体结构基本能实现剪切破坏,但对于中高层结构,基本发生的都是弯曲破坏。本节主要针对中高层型钢混凝土边框柱密肋复合墙体整体弯曲破坏形式进行讨论。文献[3]研究表明,中高层密肋复合墙体与钢筋混凝土剪力墙在受力性能上相近,因此,对其延性及轴压比的分析方法可以借鉴钢筋混凝土剪力墙的相关研究。

6.1.1 位移延性计算方法

1. 截面曲率延性比的计算

实体截面曲率延性比 $\mu_\phi = \varphi_u / \varphi_y$,$\varphi_u$、$\varphi_y$ 分别为计算截面极限曲率和屈服曲率。计算 μ_ϕ 做如下假定:①截面变形符合平截面假定;②受拉最外侧钢筋达到屈服应变时的截面曲率为屈服曲率,受压最外纤维达到极限应变时的截面曲率为极限曲率;③忽略受拉边框柱、肋柱混凝土及填充砌块的作用;④计算截面的压力时,用等效矩形应力图代替实际的混凝土压力图形,等效矩形应力图形高度 x 为 $0.82x_n$(x_n 表示压区高度)。

截面最外侧受拉钢筋屈服时截面曲率 φ_y 由下式计算：

$$\varphi_y = \frac{\varepsilon_y + \varepsilon_{cy}}{h - a_s} \tag{6-1}$$

式中 ε_y——最外侧受拉钢筋的屈服应变；

      ε_{cy}——最外侧受拉钢筋屈服时受压区混凝土外纤维应变；

      h——墙体截面长度；

      a_s——最外侧受拉钢筋至近边的距离。

前期试验研究表明，中高层密肋复合墙体结构的受力特性类似于带暗柱的剪力墙结构。本书采用文献[5]的结果分析 ε_{cy}，即

$$\varepsilon_{cy} = (0.00056 + 0.003\xi) f_y/310 \tag{6-2}$$

式中 f_y——端部受拉主筋的屈服强度；

      ξ——相对受压区高度，$\xi = 0.82 x_n/(h - a_s)$；

      x_n——截面屈服时的中和轴高度。

定义截面受压区混凝土外纤维达到极限应变时的截面曲率为极限曲率 φ_u，由下式计算：

$$\varphi_u = \frac{\varepsilon_u}{x_n} \tag{6-3}$$

其中，ε_u 为边框柱的极限应变。ε_u 与密肋复合墙体边框柱的约束程度有关，当箍筋采用《密肋复合板结构技术规程》(JGJ/T 275—2013)给出的构造配筋时，取 $\varepsilon_u = 0.0033$；若采用有效箍筋约束以提高结构延性，则按约束混凝土受压的应力-应变关系确定，即

$$\frac{\sigma}{f_{cc}} = \begin{cases} \alpha_{ac}\left(\dfrac{\varepsilon}{\varepsilon_{cc}}\right) + (3 - 2\alpha_{ac})\left(\dfrac{\varepsilon}{\varepsilon_{cc}}\right)^2 + (\alpha_{ac} - 2)\left(\dfrac{\varepsilon}{\varepsilon_{cc}}\right)^3 & (\varepsilon \leqslant \varepsilon_{cc}) \\[3mm] \dfrac{\varepsilon/\varepsilon_{cc}}{\alpha_{dc}(\varepsilon/\varepsilon_{cc} - 1)^2 + \varepsilon/\varepsilon_{cc}} & (\varepsilon_{cc} < \varepsilon \leqslant \varepsilon_{cu}) \end{cases} \tag{6-4}$$

式中 f_{cc}、ε_{cc}——约束混凝土的单轴抗压强度、峰值应变，混凝土为 C20～C30 时，$f_{cc} = (1 + 0.5\lambda_t) f_c$，$\varepsilon_{cc} = (1 + 2.5\lambda_t)\varepsilon_c$，$\alpha_{ac} = (1 + 1.8\lambda_t)\alpha_a$，$\alpha_{dc} = (1 - 1.75\lambda_t^{0.55})\alpha_d$，其中，$f_c$、$\varepsilon_c$、$\alpha_a$、$\alpha_d$ 均为相应素混凝土的抗压强度、峰值应变和曲线系数，按《混凝土结构设计规范(2015 年版)》(GB 50010—2010)建议，对于 C25 混凝土，ε_c、α_a、α_d 分别为 1.56×10^{-3}、2.09、1.06。

      ε_{cu}——混凝土的极限应变，取应力降至 1/2 峰值应力所对应的压应变。

      λ_t——约束混凝土配箍特征值，$\lambda_t = \mu_t \dfrac{f_{yt}}{f_c}$。

型钢混凝土边框柱密肋复合墙体的截面尺寸、应变分布见图 6-1。

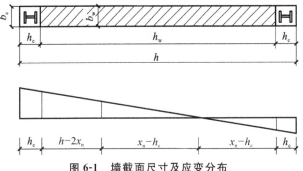

图 6-1　墙截面尺寸及应变分布

把密肋复合墙体中的肋柱混凝土及纵筋在复合墙板中进行连续化,则复合墙板配混凝土率为 ρ_w,配钢筋率为 ρ_{ws}。

根据截面极限状态力的平衡关系得实际受压区应力图形高度 x_n:

$$x_n = \frac{A_s f_y - A'_s f'_y + A_a f_a - A'_a f'_a + \rho_{ws} b_w h_w f_{wy} + N - b_c h_c f_c + \rho_w b_w h_c f_c + b_w h_c (1-\rho_w) f_m}{0.8 \rho_w b_w f_c + 2\rho_{ws} b_w f_{wy} + 0.8 b_w (1-\rho_w) f_m}$$

$$(6\text{-}5)$$

式中　A_s,f_y,A'_s,f'_y——边框柱受拉、受压纵筋截面面积和屈服强度设计值;

　　　　A_a,f_a,A'_a,f'_a——边框柱受拉、受压型钢截面面积和屈服强度设计值;

　　　　f_m——填充砌块抗压强度设计值;

　　　　f_c——边框柱及肋柱混凝土抗压强度设计值;

　　　　f_{wy}——肋柱钢筋屈服强度设计值。

型钢混凝土构件在计算轴压比时有考虑型钢和不考虑型钢两种方法,对于型钢混凝土边框柱密肋复合墙体结构,本书按不考虑型钢的方法。由于填充砌块承担的竖向荷载较小,因此轴压比限值只考虑外框柱与肋柱混凝土,采用下式:

$$n = \frac{N}{\sum bh_{ci} f_{ci}}$$

$$(6\text{-}6)$$

式中　$\sum bh_{ci} f_{ci}$——复合墙体中边框柱与肋柱混凝土承载力之和。

混凝土的标准值与设计值之比取 1.4,重力荷载作用下产生的轴力设计值与标准值之比取 1.3,考虑密肋复合墙体中边框柱承担的荷载比例大于肋柱并且未考虑填充砌块的参与,轴力设计值与平均值之比取 1.2,故轴压比的设计值与平均值之比为 1.4×1.3×1.2＝2.2。

2.位移延性比计算

采用 T. Paulay 提出的公式计算密肋复合墙体的位移延性比,即

$$\mu_\Delta = 3(l_p/H)[1 - l_p/(2H)](\mu_\phi - 1) + 1 \tag{6-7}$$

式中　H——墙体总高度;

l_p——塑性铰区高度，$l_p = (0.2 + 0.044H/h)h$；

h——构件截面高度。

6.1.2 位移延性比影响因素分析

根据《密肋复合板结构技术规程》(JGJ/T 275—2013)的规定，密肋复合墙体的厚度为 150～250mm，寒冷地区可采用 300mm，中高层建筑的外框柱截面高度不宜小于 350mm，外框柱混凝土强度等级取 C25 以上，填充砌块抗压强度设计值为 2.7MPa，工程上肋柱采用 HPB300 级钢筋，外框采用 HRB335 级钢筋，两边边框柱采用对称配筋，外框柱按构造配箍率。未注明处，外框柱混凝土极限应变 ε_u 取 0.0033，高宽比取 6。密肋复合墙体的延性与轴压比、复合墙板肋柱的大小（复合墙板配混凝土率）、复合墙板肋柱纵筋量（复合墙板纵向配筋率）、高宽比、边框柱截面高度及配箍率均有关，现研究不同影响因素下型钢混凝土边框柱密肋复合墙体的位移延性比。

图 6-1 中参数按如下取值：$h = 3000$mm，$h_s = 100$mm（型钢高度），墙板厚度取 250mm，外框柱截面高度为 350mm。

图 6-2 所示为复合墙板配混凝土率变化与延性的关系，复合墙板配筋率取 0.2%。从图 6-2 中可得出，复合墙板配混凝土率的大小对结构的延性影响较大，随着配混凝土率的增大，延性增加较快，配混凝土率从 0.1 增加到 0.4，位移延性比将近增加了 1.8 倍，这主要是因为随着配混凝土率的提高，压区高度减小，从而增加了极限曲率，减小了屈服曲率。

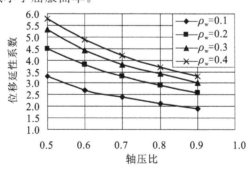

图 6-2 复合墙板配混凝土率对延性比的影响

图 6-3 所示为复合墙板纵向配筋率变化与延性的关系，复合墙板配混凝土率取 0.2。复合墙板纵向配筋率的提高对结构延性影响不大，随着配筋率的提高，位移延性比略有提高，增加配筋率对延性的影响与增加配混凝土率正好相反，随着配筋率的增加，压区高度随之增加，从而减小了极限曲率，增加了屈服曲率。但由于在密肋复合墙体中，复合墙板的纵向配筋率较低，因此，对延性的影响也较小。

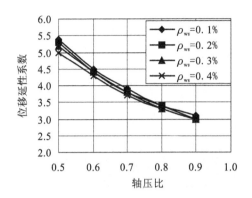

图 6-3   复合墙板纵向配筋率对延性比的影响

图 6-4 所示为边框柱截面高度变化与延性的关系,复合墙板配筋率取 0.2%,复合墙板配混凝土率取 0.2。从图中可以看出,边框柱截面高度对结构延性有一定影响,这主要是因为增加边框柱的截面高度相当于增加了约束边缘构件的长度,从而增加了结构的延性。

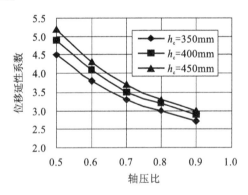

图 6-4   边框柱截面高度对延性比的影响

图 6-5 所示为高宽比变化与延性的关系,复合墙板配筋率取 0.2%,复合墙板配混凝土率为 0.2。高宽比对结构延性的影响较大,随着高宽比增大,塑性铰与墙的高度比减小,位移延性比随之降低,高宽比大于 4 后,位移延性比下降减小,当高宽比大于 6 后,位移延性比的降低基本上趋于平稳。

填充砌块抗压强度及边框柱纵向钢筋屈服强度对延性也有一定程度的影响,但由于在实际工程中二者变化很小,因此,在这里不进行讨论。总之,影响密肋复合墙体位移延性比的因素很多,且相互耦合,但限制轴压比是提高墙体延性比较有效的途径。

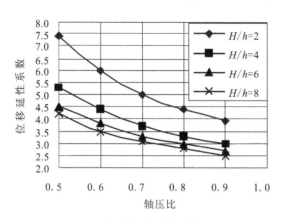

图 6-5 高宽比对延性比的影响

6.1.3 轴压比限值

我国现行规范对各种结构体系的位移延性比无具体规定,目前通常认为取 $\mu_\Delta = 3.0$ 可满足工程设计要求,这里取 $\mu_\Delta = 3.0$。

通过上述分析可以看出,影响型钢混凝土边框柱密肋复合墙体延性的因素很多,并且取不同值延性比都会不同。考虑工程实际及最不利原则进行轴压比设计以确保工程应用需要,采用如下参数确定轴压比限值:《密肋复合板结构技术规程》(JGJ/T 275—2013)规定中高层密肋复合墙体结构的边框柱截面高度不小于 350mm,通常墙体厚度为 250mm;复合墙板纵向钢筋配筋率不小于 0.1%,一般工程实际配筋率为 0.1%~0.3%,取配筋率为 0.2%;复合墙板配混凝土率为 0.2~0.3,取配混凝土率为 0.2;当墙体高宽比超过 6 时,延性比下降趋于稳定,取 $H/h=6$。按这些参数计算位移延性比,当轴压比为 0.8 时,延性比为 3.02,当轴压比为 0.9 时,延性比为 2.73,因此,建议当外框柱按构造配置箍筋时,密肋复合墙体的轴压比限值按表 6-1 取用。

表 6-1　　　　　　　型钢混凝土边框柱密肋复合墙体轴压比限值

抗震等级	二	三	四
轴压比限值	0.7	0.8	0.9

当需要通过增加边框柱的配箍率来提高轴压比时,通过计算得出,当配箍特征值为 0.05 时,轴压比取 0.9,延性比为 2.94;当配箍特征值为 0.10 时,轴压比取 0.9,延性比为 3.26;当配箍特征值为 0.12 时,轴压比取 1.0,延性比为 2.91;当配箍特征值为 0.15 时,轴压比取 1,延性比为 3.19。因此,建议当配箍特征值不小于

0.10 时,表 6-1 的轴压比限值提高 0.1;当配箍特征值不小于 0.15 时,抗震等级为三、四级的型钢混凝土边框柱密肋复合墙体可不考虑轴压比限值,抗震等级为二级取轴压比限值为 0.9。

6.2 型钢混凝土边框柱密肋复合墙体结构层间位移角限值

近几十年来,地震工程界对钢筋混凝土构件的抗震性能进行了大量的试验研究,获得了许多关于钢筋混凝土结构构件变形能力的试验资料。但对钢筋混凝土框架-抗震墙、抗震墙结构等体系在正常使用水准的容许变形值研究仍较为缺乏。

目前,地震工程界对钢筋混凝土结构变形限值的认识还不统一。虽然有一些理论方法来计算钢筋混凝土结构构件的变形能力,但多种受力形式的构件变形能力计算值与试验值的比较则存在很大的离散性。因此,国内外的抗震设计规范一般仍是根据实测的变形能力统计值来确定规范的变形限值。20 世纪 80 年代以来,许多国家的抗震设计规范都规定了抗震变形验算的内容,并规定了相应的变形限值,各国的设防目标、计算方法、概念理解、材料性能及施工构造等方面的差异,使得对位移角限值的规定各有不同。因此,型钢混凝土边框柱密肋复合墙体结构位移角限值也应根据体系本身的特点综合进行考虑。

6.2.1 弹性层间位移角限值的控制目标

根据《建筑抗震设计规范(2016 年版)》(GB 50011—2010)规定的"小震"下的设防目标,层间侧移角限值的确定不应只考虑非结构构件可能受到的损坏程度,也应控制密肋复合墙体、柱等重要抗侧力构件的开裂。在常规的结构体系中,对于框架结构,填充墙比框架柱早开裂,可以控制填充墙不出现严重开裂为小震下侧移控制的依据。而在以剪力墙为主要受力构件的结构(框架-剪力墙结构、剪力墙结构、框架-简体结构等)中,由于"小震"作用下一般不允许作为主要抗侧力构件的剪力墙腹板出现明显斜裂缝,因此,以这一类剪力墙为主的结构体系应以控制剪力墙的开裂程度作为其位移角的取值依据;密肋复合墙结构的主要抗侧力体系接近于剪力墙抗侧力结构,因而应参照后者并结合体系自身的特点进行层间位移角限值的确定。

由第 2 章型钢混凝土边框柱密肋复合墙体的试验可知,在加载初始阶段,墙体的受力性能表现为弹性,其滞回环呈线形,试件卸载后的残余变形很小。随着水平推力增加,试件中填充砌块会出现少数微裂缝,但滞回环仍呈线形,这时虽然填充砌块已经出现少数微裂缝,但整个结构仍为弹性阶段。随着水平推力继续增大,P-Δ 曲线出现较明显的拐点,这一时刻水平荷载称为墙体的开裂荷载,这一阶段的状态满足正常使用的要求,可以作为弹性层间位移角的判定标准。

6.2.2 弹性层间位移角限值

在确定型钢混凝土边框柱密肋复合墙全结构的弹性层间位移角限值时,需参照以剪力墙为主要抗侧力构件的结构体系弹性阶段的变形及开裂状态,根据以下剪力墙体系的背景数据。

①模拟底层带边框抗震墙弹性的有限元分析结果:带边框剪力墙的开裂位移角为 $1/4000\sim1/2500$。

②高层剪力墙结构解析分析的结果:受拉翼墙边缘开裂时底层的层间位移角为 $1/5500$;裂缝开展到腹板中部,受压翼墙边的混凝土压应力达到轴心抗压强度设计时的层间位移角为 $1/3100$。

③试验统计结果:国外 175 个试件的开裂位移角的主要分布区为 $1/3333\sim1/1111$;国内 11 榀带边框剪力墙试件的开裂位移角分布在 $1/2500\sim1/1123$。

④实际工程的最大计算层间位移角的统计结果表明,95%以上的框架-剪力墙结构和剪力墙结构的层间位移角小于 $1/1100$。

从混凝土剪力墙的研究背景数据可以看出,试验及计算结果均表明剪力墙和框架-剪力墙结构中的剪力墙在很小的位移角下即可能开裂。而型钢混凝土边框柱密肋复合墙板的试验结果表明(表 6-2),墙板内主要由剪切变形引起的加气硅酸盐砌块开裂的位移角一般为 $1/1230\sim1/850$。对结构刚度的过高要求可能难以实现对经济目标的控制,同时过大的刚度需求可能对结构性能造成一定的不利影响,如结构加速度反应随刚度增加而增大;型钢混凝土边框柱密肋复合墙体结构在弹性阶段类似悬壁墙,最大层间变形在结构顶部。由于未考虑地震作用下惯性力施加的快速性而引起的混凝土及砌块等脆性材料抗拉强度的显著提高,并且若采用高强度轻质延性填充砌块将推迟开裂;考虑弹性位移角限值时,还应考虑诸如建筑功能需求、经济性、规范的可执行性等综合因素,允许密肋复合墙板在小震下有适度开裂,取接近于试验结果的上限值($1/900$)作为以密肋复合墙板为主要抗侧力构件结构体系的层间位移角限值,比较合理。

表 6-2　　　**型钢混凝土边框柱密肋复合墙体弹性层间位移角**

试件编号	GML-1	GML-2		GML-3		
层号	一层	一层	二层	一层	二层	三层
层高/mm	1350	940	994	950	1015	975
层间位移/mm	1.1	0.84	1.16	0.81	1.1	1.1
层间位移角	1/1227	1/1119	1/856	1/1172	1/922	1/886

6.2.3 弹塑性层间位移角限值

与剪力墙结构相比,由于型钢混凝土边框柱密肋复合结构理想的破坏模式按砌块→肋梁、肋柱→边框柱的顺序进行,其内力重分布的阶段较长。根据墙板试验结果,当砌块破坏至大量剥落形成密肋框架后,其变形能力则进一步加强。在整个体系的耗能组成中,边框柱的屈服弯曲耗能与复合墙板的剪切耗能都是其重要组成部分,而边框柱的提前屈服不利于结构体系剪切耗能的实现。因而,密肋复合墙体结构的设计原则仍是控制墙板破坏稍先于边框柱破坏,一方面充分耗散地震能量,另一方面则保证边框柱整体的骨架作用,有效避免结构的整体倒塌。当边框柱屈服后,整个体系进入综合耗能阶段。

本书所做三个试件的试验均发生剪切破坏,由第 2 章分析可知,当型钢混凝土边框柱密肋复合墙体进入弹塑性阶段后,结构的整体变形为弯剪型,结构下部表现为弯曲型,上部表现为剪切型,在中间拐点处变形最大。从表 6-3 可以得出,这三个试件弹塑性层间位移角根据层数及高度不同在 1/130～1/100 之间变化。考虑墙板试验时轴压比较小,且可能与剪力墙共同工作,以及可能出现的边框柱率先破坏模式,型钢混凝土边框柱密肋复合墙体结构的弹塑性位移角限值按 1/100 取值,应有较大的安全余度。

表 6-3   **型钢混凝土边框柱密肋复合墙体弹塑性层间位移角**

试件编号	GML-1	GML-2		GML-3		
层数	一层	一层	二层	一层	二层	三层
层高/mm	1350	940	994	950	1015	975
层间位移/mm	11.06	8.2	6.8	8.2	10.4	7.4
层间位移角	1/122	1/114	1/146	1/115	1/97	1/131

6.3 型钢混凝土边框柱密肋复合墙体抗震设计方法

为了合理地控制强震作用下墙体的破坏机制,优化其抗震性能,密肋复合墙体抗震设计方法体现了控制设计的理念,并区别不同抗震等级,在一定程度上实现"整体强弯弱剪,强外框弱墙板,强肋格弱砌块"等概念设计要求,并将上述概念设计在安全、经济、合理的前提下转化为墙体的抗震承载力计算公式。

6.3.1 基本规定

1. 材料

墙体的外框、肋格及内填砌块应有较好的强度匹配,以达到在地震作用下合理的破坏机制。

(1)型钢。

型钢混凝土构件的型钢材料宜采用牌号 Q235B、Q235C、Q235D 级的碳素结构钢,以及牌号 Q345B、Q345C、Q345D、Q345E 级的低合金高强度结构钢,其质量标准应分别符合《碳素结构钢》(GB/T 700—2006)和《低合金高强度结构钢》(GB/T 1591—2008)的规定。型钢可采用焊接型钢和轧制型钢。型钢钢材应根据结构特点选择其牌号和材质,并应保证抗拉强度、伸长率、屈服点、冷弯试验、冲击韧性合格和硫、磷、碳含量符合使用要求。考虑地震作用的结构用钢,其强屈比不应小于1.2,且应有明显的屈服台阶和良好的可焊性。

型钢材料的强度指标,应按表 6-4 的规定采用。

表 6-4 型钢钢材力学性能 （单位:N/mm²)

钢材牌号	钢材厚度/mm	强度设计值		强度标准值	强度极限值	弹性模量
		抗拉、抗压	抗剪	抗拉、抗压		
Q235	≤16	215	125	235	375	2.06×10⁵
	16~40	205	120	225	375	
Q345	≤16	315	185	345	470	
	16~40	300	175	325	470	

(2)混凝土强度等级。

型钢混凝土边框柱密肋复合墙体边框的混凝土强度等级不应低于 C30;肋格的混凝土强度等级不应低于 C20,不宜高于 C30;当采用 HRB400 级钢筋时,混凝土强度等级不应低于 C25。

(3)砌块强度计算指标。

墙体中加气混凝土砌块强度计算指标按表 6-5 取值。

(4)钢筋强度计算指标

钢筋的各项计算指标应符合表 6-6 的规定。

表 6-5   加气混凝土砌块力学性能

项目		指标			
		500 级		700 级	
		一等品	二等品	一等品	二等品
干容重/(kg/m³)		500±50		700±50	
立方体抗压强度/MPa		2.7	2.2	4.7	4.2
抗冻性 (冻融 15 次)	重量损失/%	<5			
	强度损失/%	<20			

表 6-6   钢筋强度计算指标

钢筋种类		强度标准值 f_{yk}/(N/mm²)	抗拉强度设计 值 f_y/(N/mm²)	抗压强度设计 值 f'_y/(N/mm²)	弹性模量 E_s/(kN/mm²)
热轧钢筋	HPB 300	300	270	270	210
	HRB 335	335	300	300	200
	HRB 400	400	360	360	
乙级冷拔 低碳钢丝 $\phi3\sim\phi5$	用于焊接骨架和焊接网	550	320	320	
	用于绑扎骨架和绑扎网	550	250	250	

2.抗震等级

中高层型钢混凝土边框柱密肋复合墙体抗震等级同普通密肋复合墙体,见表 6-7。

表 6-7   中高层型钢混凝土边框柱密肋复合墙体结构的抗震等级

构件类型	抗震设防烈度				
	6		7		8
	建筑高度/m				
	≤40	>40	≤40	>40	≤40
边框柱	四	三	三	二	二
连接柱、暗梁	四	四	三	三	三
密肋复合墙板	四	三	三	二	二

注:1.对于四级抗震等级,除本章规定外,均按非抗震设计采用;
    2.接近或等于高度分界时,可结合房屋不规则程度及场地、地基条件确定抗震等级。

6.3.2　型钢混凝土边框柱密肋复合墙体抗震极限承载力计算

1. 轴心受压承载力

$$N \leqslant \frac{1}{\gamma_{RE}} \varphi [\eta_1 f_{zc} A_{Kz} + \eta_2 (f'_{zy} A_{Ks} + f'_a A_a) + f_{Lc} A_{Lz} + f'_{Ly} A_{Ls} + f_m A_m] \quad (6\text{-}8)$$

其中

$$\varphi = \left(\frac{1}{1 + 0.0003 \beta^2} + 0.15 \rho_a \right) \gamma_{\rho c}, \quad \gamma_{\rho c} = 0.80 + 0.8 \rho_c$$

$$\eta_1 = (1 - 0.6 \rho_{zc} - 0.15 \rho_a \times 100), \quad \eta_2 = (1 - 0.6 \rho_{zc} - 0.15 \rho_a \times 100) \times 1.1$$

式中　γ_{RE}——抗震承载力调整系数，取 $\gamma_{RE} = 0.85$；

$\quad\quad N$——墙体轴向压力设计值。

其余符号意义同前。

2. 偏心受压斜截面抗剪承载力

$$V_u = \frac{1}{\gamma_{RE}} \left[\frac{1}{1 + 0.5 \lambda} (\alpha f_c A_c + 0.6 f_{m,v} A_m + 0.05 N) + \frac{\alpha f_a A_a}{\lambda} + (n - 2) f_{yh} A_{sh} \right]$$

$$(6\text{-}9)$$

式中　γ_{RE}——抗震承载力调整系数，取 $\gamma_{RE} = 0.85$；

$\quad\quad \alpha$——边框柱混凝土及型钢强度利用系数，$\alpha = \dfrac{h_{cR} + h_{cL}}{2B}$，$h_{cR}$、$h_{cL}$ 分别为左、右

$\quad\quad\quad$ 两边框柱截面高度，B 为复合墙板总宽度；

$\quad\quad f_c$，f_a——混凝土抗压强度和型钢抗拉强度设计值；

$\quad\quad f_{m,v}$——填充砌块抗剪强度设计值；

$\quad\quad \lambda$——计算截面处墙体的剪跨比，$\lambda = M/(Vh)$（$1.0 \leqslant \lambda \leqslant 2.0$），$\lambda < 1.0$ 时取

$\quad\quad\quad \lambda = 1.0$，$\lambda > 2.5$ 时取 $\lambda = 2.5$；

$\quad\quad A_c$，A_a，A_m——边框柱中混凝土截面面积（减去型钢截面面积）、型钢的截面

$\quad\quad\quad$ 面积及填充砌块截面面积；

$\quad\quad N$——墙体承受的轴向正压力设计值（$N > 0.2 f_c A_c$ 时，取 $N = 0.2 f_c A_c$）；

$\quad\quad f_{yh}$——肋梁纵筋的设计强度（取值不大于 300N/mm^2）；

$\quad\quad A_{sh}$——墙体中一个肋梁的钢筋截面面积；

$\quad\quad n$——墙体中肋梁数量。

3. 偏心受压承载力

界限破坏时的实际受压区高度 x_b 及界限相对受压区高度可按下式计算：

$$x_b = \left(\frac{\varepsilon_{cu}}{\varepsilon_{cu} + \varepsilon_y} \right) h_0 = \frac{1}{1 + \dfrac{f_y}{E_s \varepsilon_{cu}}} h_0$$

式中　x_b——界限受压区高度；

h_0——计算高度；

E_s——受拉边框柱型钢弹性模量；

f_y——受拉边框柱型钢抗拉强度设计值。

当 $x \leqslant x_b$ 时为大偏心受压破坏，反之则为小偏心受压破坏。

（1）大偏心受压承载力。

第一种情况（$h_1 + h_2 < x \leqslant h - h_1 - h_2$）：

$$N = \frac{1}{\gamma_{RE}} \left[(h_1 + h_2) b f_c + (x - h_1 - h_2) b \alpha_1 f_m \right] \tag{6-10}$$

$$Ne \leqslant \frac{1}{\gamma_{RE}} \left[(h_1 + h_2) b f_c \left(h_0 - \frac{h_1 + h_2}{2} \right) + (x - h_1 - h_2) b \alpha_1 f_m \left(h_0 - h_1 - h_2 - \frac{x - h_1 - h_2}{2} \right) + f_a' A_a' (h_0 - a_a') + f_s' A_s' (h_0 - a_s') \right] \tag{6-11}$$

第二种情况（$2a_a' \leqslant x \leqslant h_1 + h_2$）：

$$N = \frac{1}{\gamma_{RE}} x b f_c \tag{6-12}$$

$$Ne \leqslant \frac{1}{\gamma_{RE}} \left[x b f_c \left(h_0 - \frac{x}{2} \right) + f_a' A_a' (h_0 - a_a') + f_s' A_s' (h_0 - a_s') \right] \tag{6-13}$$

为保证截面破坏时受压型钢及钢筋能达到其抗压强度，必须满足 $x \geqslant 2a_a'$，否则按 $x = 2a_a'$ 处理。当 $x < 2a_a'$ 时，可偏安全取内力臂 $z = h_0 - a_a'$，并对受压型钢合力点取矩，则可得

$$Ne' = \frac{1}{\gamma_{RE}} \left[f_a A_a (h_0 - a_a) + f_s A_s (h_0 - a_s) \right] \tag{6-14}$$

（2）小偏心受压承载力。

$$N = \frac{1}{\gamma_{RE}} \left[(h_1 + h_2) b f_c + (x - h_1 - h_2) b \alpha_1 f_m + f_a' A_a' + f_s' A_s' - \sigma_a A_a - \sigma_s A_s \right] \tag{6-15}$$

$$Ne \leqslant \frac{1}{\gamma_{RE}} \left[(h_1 + h_2) b f_c \left(h_0 - \frac{h_1 + h_2}{2} \right) + (x - h_1 - h_2) b \alpha_1 f_m \left(h_0 - h_1 - h_2 - \frac{x - h_1 - h_2}{2} \right) + f_a' A_a' (h_0 - a_a') + f_s' A_s' (h_0 - a_s') \right]$$

其中

$$\sigma_a (\sigma_s) = 0.0033 E_s \left(\frac{h_0}{x_b} - 1 \right), \quad x_b = \beta_1 (x - h_1 - h_2) + h_1 + h_2$$

式中符号意义同前。

6.3.3　型钢混凝土边框柱密肋复合墙体抗震构造措施

(1)型钢混凝土边框柱密肋复合墙体的厚度及肋柱、肋梁、砌块的构造要求宜符合《密肋复合板结构技术规程》(JGJ/T 275—2013)的有关规定。墙体端部型钢周围应配置纵向钢筋和箍筋,以形成暗柱,其箍筋配置应符合《密肋复合板结构技术规程》(JGJ/T 275—2013)的有关规定。

(2)型钢混凝土边框柱中的型钢,宜采用实腹式宽翼缘的 H 形轧制型钢和各种截面形式的焊接型钢。

(3)型钢混凝土边框柱中纵筋与型钢的净间距不宜小于 30mm,型钢混凝土边框柱中的型钢钢板厚度不宜小于 6mm,其腹板宽厚比,$h_w/t_w \leqslant 96$(Q235),$h_w/t_w \leqslant 81$(Q345);翼缘宽厚比(外伸宽度与厚度比),$b/t \leqslant 23$(Q235),$b/t \leqslant 19$(Q345)。当满足上述宽厚比限值时,可不进行局部稳定验算。

(4)墙体端部配置的型钢,其混凝土保护层厚度宜大于 50mm;水平分布钢筋应绕过或穿过墙端型钢,且应满足钢筋锚固长度要求。型钢混凝边框柱受力型钢的含钢率不宜小于 3%,且不宜大于 9%。

(5)型钢混凝土边框柱密肋复合墙体结构中边框柱、边框梁的最小截面尺寸及最小配筋应符合表 6-8 的要求。边框柱全部纵向钢筋最小构造配筋百分率应符合表 6-9 的要求。边框柱柱端加密区的范围及配箍要求按照《高层建筑混凝土结构技术规程》(JGJ 3—2010)取用。

表 6-8　　　　　　　　**边框柱、边框梁的最小截面尺寸及最小配筋**

构件类型		抗震等级		
		二	三	四
边框柱	最小截面高度/mm	450	400	350
	最小配筋	6Φ16,Φ8@200	6Φ14,Φ8@200	6Φ12,Φ6@250
边框梁	最小截面高度/mm	400	350	300
	最小配筋	4Φ16,Φ8@200	4Φ14,Φ6@200	4Φ12,Φ6@250

表 6-9　　　　　　　　**边框柱全部纵向钢筋最小构造配筋百分率**　　　　　　(单位:%)

构件类型	抗震等级		
	二	三	四
角柱	1.4	1.2	1.0
其他边框柱	1.2	1.1	1.0

（6）墙板肋梁、肋柱钢筋应根据受力计算确定，墙板肋梁纵筋不宜小于 4φ8，箍筋不宜小于φ5@200。

（7）抗震设计时，密肋复合墙板肋梁、肋柱纵向钢筋的锚固除满足下列规定外，同时应钩住边框柱、连接柱或暗梁的远端纵向钢筋：

二级抗震等级

$$l_{aE} = 1.15 l_a$$

三级抗震等级

$$l_{aE} = 1.05 l_a$$

四级抗震等级

$$l_{aE} = 1.0 l_a$$

式中　l_{aE}——受拉钢筋的锚固长度。

 参考文献

[1] 姚谦峰,贾英杰.密肋壁板结构十二层 1/3 比例房屋模型抗震性能试验研究[J].土木工程学报,2004,37(6):1-5,11.

[2] 袁泉,姚谦峰.密肋壁板轻框结构地震反应分析[J].工业建筑,2003,33(1):17-19.

[3] 钱稼茹,吕文,方鄂华.基于位移延性的剪力墙抗震设计[J].建筑结构学报,1999,20(3):42-49.

[4] 过镇海,时旭东.钢筋混凝土原理和分析[M].北京:清华大学出版社,2003.

[5] 中华人民共和国住房和城乡建设部,中华人民共和国国家质量监督检验检疫总局.GB 50010—2010　混凝土结构设计规范(2015 年版)[S].北京:中国建筑工业出版社,2016.

[6] 钟益村,王文基,田家骅.钢筋混凝土结构房屋变形性能及容许变形指标[J].建筑结构,1984(2):40-47.

[7] Moehle J P. Displacement-based design an approach for RC structures subjected to earthquakes[J]. Earthquakes Spectra, 2012,8(3):403-428.

[8] 童岳生,钱国芳.砖填充墙框架的变形能力及承载能力[J].西安建筑科技大学学报:自然科学版,1985(2):4-24.

[9] NZS 4203. New Zealand code of practice for general structure design and design loading for building. 1984.

[10] 郭子雄,吕西林,王亚勇.建筑结构抗震变形验算中层间弹性位移角限值的研讨[J].工程抗震,1998(2):31-35.

[11] 阎宝民,王腾,赵成文,等.混凝土小砌块剪力墙斜截面抗剪承载力计算公式的研究[J].建筑结构,2000(3):10-12.

[12] 全成华,唐岱新.高强砌块配筋砌体剪力墙抗剪性能试验研究[J].建筑结构学报,2002,23(2):79-87.

[13] 田洁,姚谦峰,黄炜.密肋复合墙体的静力弹塑性分析[J].西安建筑科技大学学报:自然科学版,2005,137(3):301-306.

[14] 姚谦峰,袁泉.小高层密肋壁板轻框结构模型振动台试验研究[J].建筑结构学报,2003,24(1):59-63.

7 型钢混凝土边框柱密肋复合墙体结构设计和施工

7.1 材料与节能

7.1.1 材料

型钢混凝土边框柱密肋复合墙体结构(下文简称密肋复合墙体结构)中,混凝土可采用普通混凝土或强度等级在 C40 以下的普强高性能混凝土。墙板混凝土的强度等级不应低于 C20,边框柱和连接柱混凝土的强度等级不应低于 C25。

蒸养粉煤灰加气混凝土砌块强度计算指标按表 6-5 取值,当采用珍珠岩、陶粒混凝土或其他轻质填充块材时,其强度、容重、导热系数等应与蒸养粉煤灰加气混凝土材料性能相当,具体指标通过试验测定后采用。

钢筋采用 HPB300 级、HRB400 级热轧钢筋及冷拔钢丝,型钢采用 Q235B、Q345。

未提及的其他材料均应符合国家及相关标准的规定。

7.1.2 节能

密肋复合外墙板的热工设计应遵守《严寒和寒冷地区居住建筑节能设计标准》(JGJ 26—2010)。密肋复合外墙板的热桥部位应采用保温措施,以保证其内表面温度不低于室内空气露点温度并减小附加传热热损失。按不同地区的标准可以采用局部热桥处理措施和整体外保温处理措施。

(1)密肋复合外墙板局部热桥处理措施。

墙板制作时,在钢筋混凝土肋格(热桥)部位嵌入绝缘材料(聚苯板),以达到局部消除热桥的作用。其构造如图 7-1 所示。

经过局部热桥处理的密肋复合外墙板的平均传热系数按下式计算:

$$K_m = \frac{\dfrac{K_c K_b}{K_c + K_b} F_c + K_q F_q}{F_c + F_q} \tag{7-1}$$

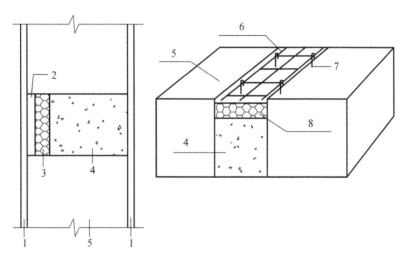

图 7-1 外墙板局部热桥外保温处理

1—普通砂浆；2—保护层；3—聚苯板保温层；4—混凝土肋；

5—加气块；6—钢丝网片；7—锚钉；8—聚苯板

式中 K_m——密肋复合墙板平均传热系数，$W/(m^2 \cdot K)$；

K_c——墙板中混凝土肋格部位的传热系数，$W/(m^2 \cdot K)$；

K_q——墙板中砌块部位的传热系数，$W/(m^2 \cdot K)$；

K_b——墙板中聚苯板部位的传热系数，$W/(m^2 \cdot K)$；

F_c——墙板中混凝土肋格部位的面积，m^2；

F_q——墙板中砌块部位的面积，m^2。

(2)密肋复合外墙板整体外保温处理措施。

在密肋复合外墙制作的同时，将整体外保温面层(聚合板、挤塑板等)与墙板一起预制；结构其他现浇隐框部分的外保温可以在结构建成后再处理，并注意与预制外墙板的厚度保持一致。

按照国家节能 50% 或节能 65% 要求设计的建筑，本节未涉及部分应按国家相关标准执行。

7.2 荷载和地震作用

7.2.1 竖向荷载

密肋复合墙体结构的楼(屋)面荷载应按《建筑结构荷载规范》(GB 50009—2012)的有关规定采用。施工中采用对结构受力有影响的设备时，应根据具体情况验算施工荷载对结构的影响。在计算密肋复合墙板自重时,应采用填充砌块在当地自然状态下的容重,不应采用干容重。

7.2.2　风荷载

密肋复合墙体结构的风荷载应按《建筑结构荷载规范》(GB 50009—2012)的有关规定采用。对于层数为 10 层及 10 层以上或高度超过 28m 的密肋复合墙体结构,风荷载的计算尚应符合《高层建筑混凝土结构技术规程》(JGJ 3—2010)的相关规定。

7.2.3　地震作用

较规则的多层密肋复合墙体结构,可采用底部剪力法计算地震作用,此时可取 $\alpha = \alpha_{max}$。高层建筑宜采用振型分解反应谱法。对质量和刚度不对称、不均匀的结构,应采用考虑扭转耦联振动影响的振型分解反应谱法。平、立面布置较复杂的高层建筑应采用弹性时程分析法进行多遇地震下的补充计算。密肋复合墙体结构的阻尼比取 0.05,阻尼调整系数 η_2 取 1.0。

其他有关地震作用的计算参照《建筑抗震设计规范(2016 年版)》(GB 50011—2010)及《高层建筑混凝土结构技术规程》(JGJ 3—2010)的规定取用。

7.3　结构计算分析

7.3.1　一般要求

密肋复合墙体结构的荷载和地震作用应按本章 7.2 节的有关规定进行计算。多层密肋复合墙体结构的内力分析,可按弹性体系计算,并考虑纵横墙及壁板与外边框等加强构件的共同工作。高层密肋复合墙体结构分析模型应根据结构实际情况确定。所选取的分析模型应能较准确地反映结构中各构件的实际受力状况。高层密肋复合墙体结构分析,可选择平面结构空间协同、空间杆-墙板元及其他组合有限元等计算模型。正常使用条件下的结构水平位移按照风荷载或地震作用,采用弹性方法计算。进行高层密肋复合墙体结构内力与位移计算时,可假定楼板在其自身平面内为无限刚性,相应地在设计时应采取必要措施保证楼板平面内的整体刚度。

密肋复合墙体结构应根据实际情况进行重力荷载、风荷载或地震作用效应分析,并应按《建筑结构荷载规范》(GB 50009—2012)的有关规定进行作用效应组合。

（1）无洞口密肋复合墙体弹性抗侧刚度可按式（7-2）计算。

$$K = \frac{\eta_c(2\eta + 0.4)}{\dfrac{H^3}{12EI} + \dfrac{\mu H}{GA}} \tag{7-2}$$

式中　H——墙体高度；

I——墙体截面惯性矩，$I = \dfrac{1}{12}bh^3$；

b——墙体截面宽度；

h——墙体截面高度；

E——墙体弹性模量；

G——墙体剪切模量；

η——轴压比（$0.3 \leqslant \eta \leqslant 0.6$），$\eta = \dfrac{N}{f_c A_c}$，当 $\eta < 0.3$ 时取 $\eta = 0.3$，当 $\eta > 0.6$ 时取 $\eta = 0.6$；

A_c——墙体验算截面肋柱、框架柱混凝土面积之和；

μ——截面剪应力分布不均匀系数，截面形式仍为矩形，故取 $\mu = 1.2$；

η_c——肋梁、肋柱对砌块的约束系数：

$$\eta_c = 1 + \frac{m+n}{40}$$

式中　n, m——墙体中肋格的层数和跨数。

（2）开洞密肋复合墙体弹性抗侧刚度计算。

计算图 7-2 所示开洞墙体抗侧刚度的一般方法是：将开洞墙片沿墙高分段求出各墙段在单位水平力作用下的侧移 δ_i，然后求和，可得整片墙在单位水平力作用下的顶端侧移 δ，取其倒数，即得墙顶处的侧移刚度：

$$K = \frac{1}{\delta} = \frac{1}{\sum \delta_i} = \frac{1}{\dfrac{1}{K_\mathrm{III}} + \dfrac{1}{K_\mathrm{I} + K_\mathrm{II}}} \tag{7-3}$$

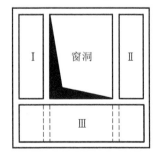

图 7-2　开洞墙体刚度计算示意图

7.3.2 薄弱层弹塑性变形验算

(1)7、8 度抗震设计的高层密肋复合墙体结构,在罕遇地震作用下薄弱层(部位)弹塑性变形计算可采用下列方法:

①结构弹塑性变形计算时,应按结构中的密肋复合墙板中填充砌块全部退出工作考虑;

②不超过 12 层且层侧向刚度无突变的结构可采用简化计算法;

③除第②项以外的建筑结构可采用静力弹塑性分析方法或弹塑性时程分析法。

(2)采用弹塑性动力时程分析方法进行薄弱层验算时,宜符合以下要求:

①应按建筑场地类别和设计地震分组选用不少于两组实际地震波和一组人工模拟的地震波的加速度时程曲线;

②地震波持续时间不宜小于 12s,数值化时距可取为 0.01s 或 0.02s;

③输入地震波的最大加速度可按表 7-1 采用。

表 7-1　　　　弹塑性动力时程分析时输入地震加速度的最大值 $A_{\max}$

抗震设防烈度	7	8	9
$A_{\max}/(\mathrm{cm/s^2})$	220(310)	400(510)	620

注:7、8 度时括号内数值分别对应于设计基本加速度为 0.15g 和 0.30g 的地区。

(3)结构薄弱层(部位)层间弹塑性位移的简化计算,宜符合下列要求:

①结构薄弱层(部位)的位置可按下列情况确定:

a. 楼层屈服强度系数沿高度分布均匀的结构,可取底层;

b. 楼层屈服强度系数沿高度分布不均匀的结构,可取该系数最小的楼层(部位)及相对较小的楼层,一般不超过 2~3 处。

②层间弹塑性位移可按下列公式计算:

$$\Delta u_{\mathrm{p}} = \eta_{\mathrm{p}} \Delta u_{\mathrm{e}} \tag{7-4}$$

$$\Delta u_{\mathrm{p}} = \mu \Delta u_{\mathrm{y}} = \frac{\eta_{\mathrm{p}}}{\xi_{\mathrm{y}}} \Delta u_{\mathrm{y}} \tag{7-5}$$

式中　Δu_{p}——层间弹塑性位移。

Δu_{y}——层间屈服位移。

μ——楼层延性系数。

Δu_{e}——罕遇地震作用下按弹性分析的层间位移。

η_{p}——弹塑性位移增大系数,当薄弱层(部位)的屈服强度系数不小于相邻层(部位)该系数平均值的 0.8 时,可按表 7-2 采用;当不大于该平均值的0.5 时,可按表 7-2 内相应数值的 1.5 倍采用;其他情况可采用内插法取值。

ξ_{y}——楼层屈服强度系数。

表 7-2 结构的弹塑性位移增大系数 η_p

ξ_y	0.5	0.4	0.3
η_p	1.8	2.0	2.2

7.4 密肋复合墙体结构设计要求

7.4.1 一般要求

密肋复合墙体结构应按承载能力极限状态设计,并满足正常使用极限状态的要求。密肋复合墙体结构在抗震设计时,应满足《建筑抗震设计规范(2016 年版)》(GB 50011—2010)关于"二阶段三水准"的设计要求:

①当遭受多遇地震时,结构或构件一般不受损坏或复合墙板出现未贯通的细小裂缝;

②当遭受相当于本地区抗震设防烈度的地震时,结构或部分边缘构件可能有所损坏,墙板肋梁、肋柱出现开裂,但经一般修理仍可继续使用;

③当遭受高于本地区抗震设防烈度的罕遇地震时,不致倒塌或发生危及生命的严重破坏。

密肋复合墙体结构不应采用严重不规则的结构方案,并应符合下列要求:

①应具有必要的承载能力、刚度和变形能力;

②应避免因部分结构或构件的破坏而导致整个结构丧失承受重力荷载、风荷载和地震作用的能力;

③对可能出现的薄弱部位,应采取有效措施予以加强。

密肋复合墙体结构体系尚宜符合下列要求:

①结构的竖向和水平布置宜具有合理的刚度和承载力分布,避免因局部突变和扭转效应而形成薄弱部位;

②宜具有多道抗震防线。

密肋壁板建筑设计应做到预制复合墙板、连接构造及配件的标准化与系列化,采用少规格、多组合的原则,满足构件工厂化生产、装配整体式施工的要求。预制构件应对其脱模、起吊和运输、安装等施工阶段进行承载力及裂缝控制验算。

7.4.2 房屋适用高度和高宽比

多层密肋复合墙体结构房屋的高宽比不应大于 2.5,层高不宜大于 4.2m。其中,高宽比是指房屋高度与结构平面最小投影宽度之比,单面走廊房屋的总宽度不包括走廊宽度。当主体结构下部有大底盘时,高宽比自大底盘以上算起,对于如医院、教学楼等横墙较少的房屋,其层数不应超过7层。

7.4.3 结构布置

密肋复合墙体结构房屋的一个独立单元内,宜使结构平面形状简单、规则,刚度和承载力分布均匀,不应采用严重不规则的平面布置。对平面不规则的界定见《建筑抗震设计规范(2016年版)》(GB 50011—2010)第3.4.2条。多层密肋壁板建筑的平面设计应尽量做到规则和对称,建筑物的质量和刚度沿高度分布宜均匀,无突变和错层。纵横墙的布置宜均匀对称,沿轴线宜对齐,沿竖向应上下连续,同一轴线上窗间墙宽度宜均匀;大房间宜布置在房屋的中部,不宜在端头布置。

多层房屋的局部尺寸限值应满足表7-3的要求。

表7-3　　　　　　　　　　　**房屋的局部尺寸限值**　　　　　　　　　　(单位:m)

部位	抗震设防烈度		
	6	7	8
承重窗间墙最小宽度	1.0	1.0	1.2
承重外墙尽端至门窗洞边的最小距离	1.0	1.0	1.2
非承重外墙尽端至门窗洞边的最小距离	1.0	1.0	1.0
内墙阳角至门窗洞边的最小距离	1.0	1.0	1.5
无锚固女儿墙(非出入口处)的最大高度	0.5	0.5	0.5

当楼板平面比较狭长,有较大的凹入和开洞而使楼板有较大削弱时,应在设计中考虑楼板削弱产生的不利影响。楼面凹入或开洞尺寸不宜大于楼面宽度的一半;楼板开洞总面积不宜超过楼面面积的30%;在扣除凹入或开洞后,楼板在任一方向的最小净宽度不宜小于5m,且开洞后每一边的楼板净宽度不应小于2m。

外伸长度较大的建筑,当中央部分楼梯间、电梯间使楼板有较大削弱时,应加强楼板以及连接部位墙体的构造措施,必要时还可在外伸段凹槽处设置连接梁或连接板。

楼板开大洞削弱后,宜采取以下构造措施予以加强:

①加厚洞口附近楼板,提高楼板的配筋率,采用双层双向配筋。

②洞口边缘设置边梁、暗梁,加强边梁、暗梁的腰筋。

③在楼板洞口角部集中配置斜向钢筋。

横墙的间距应使楼板具有足够的刚度以传递水平地震作用,其限值可按表7-4的规定执行。

表 7-4　　　　　　　　　　**横墙最大间距**　　　　　　　　（单位:m）

楼、屋盖类别	非抗震	抗震设防烈度		
		6	7	8
现浇或装配整体式	18	18	15	11

多层密肋复合墙体结构房屋边框柱与柱的布置原则如下:

①连接柱间距一般取 1.0～1.5 倍层高。

②门窗洞口宽度大于 1.8m 时,应在洞口两侧均设配筋暗柱。

③边框柱截面宽度同墙板厚度,截面高度及截面形式可由计算与构造确定。连接柱截面尺寸不得小于 200mm×200mm。

④墙板"十"字连接时,连接柱截面可采用"十"字形,保证施工操作空间。

⑤边框柱和连接柱混凝土强度等级宜高于墙板肋梁、肋柱混凝土强度等级。

抗震设计时,密肋复合墙体结构宜调整平面形状和结构布置,避免结构不规则,一般不设防震缝。当建筑物平面形状复杂而又无法调整其平面形状和结构布置使之成为较规则的结构时,宜设置防震缝将其划分为较简单的几个结构单元。设置防震缝时,应符合下列规定。

①防震缝最小宽度应符合下列要求:高度不超过 20m 时,可取 70mm;超过 20m 的部分,6 度、7 度和 8 度相应每增加高度 5m、4m 和 3m,宜加宽 20mm。

②防震缝两侧结构体系不同时,防震缝宽度应按不利的结构类型确定;防震缝两侧的房屋高度不同时,防震缝宽度应按较低的房屋高度确定。

③当相邻结构的基础存在较大沉降差时,宜设置沉降缝。

④防震缝宜沿房屋全高设置;地下室、基础可不设防震缝,但在与上部防震缝对应处应加强构造和连接。

抗震设计时,伸缩缝、沉降缝的宽度均应符合防震缝最小宽度的要求。

密肋复合墙体结构伸缩缝的最大间距宜取 55m。

当采用下列构造措施和施工措施减小温度和混凝土收缩对结构的影响时,可适当放宽伸缩缝的间距:

①顶层、底层、山墙和纵墙端开间等温度变化影响较大的部位提高配筋率;

②顶层加强保温隔热措施,外墙设置外保温层;

③每 30～40m 间距留出施工后浇带,带宽为 800～1000mm,钢筋采用搭接接头,后浇带混凝土宜在两个月后浇灌;

④顶部楼层改用刚度较小的结构形式或顶部设局部温度缝,将结构划分为长度较短的区段;

⑤采用收缩小的水泥,减少水泥用量,在混凝土中加入适宜的外加剂;

⑥提高每层楼板的构造配筋率或采用部分预应力结构。

7.4.4　楼盖结构

多层密肋复合墙体结构8度抗震设防烈度设计时,应采用现浇楼盖结构;7度抗震设防烈度设计时,宜采用现浇楼盖结构。6、7度抗震设防烈度设计的密肋复合墙体结构可采用装配整体式楼盖,非抗震设计的密肋复合墙体结构可采用装配式楼盖。

现浇楼盖的混凝土强度等级不应低于C20,不宜高于C40。

装配整体式楼盖预制板可采用普通预应力空心楼板,并应符合下列要求:

①预制板搁置在梁上或墙上的长度分别不宜小于35mm和50mm。

②预制板板端宜预留胡子筋,其长度不宜小于100mm。

③预制板板孔堵头宜留出不小于50mm的空腔,并采用强度等级不低于C20的混凝土浇灌密实。

④预制板板缝宽度不宜小于40mm,板缝大于40mm时应在板缝内配置钢筋,并宜贯通整个结构单元。预制板板缝、板缝梁的混凝土强度等级应高于预制板的混凝土强度等级,且不应低于C20。

房屋的顶层、平面复杂或开洞过大的楼层、作为上部结构嵌固部位的地下室楼层应采用现浇楼盖结构。一般楼层现浇楼板厚度不应小于80mm,当板内预埋暗管时不宜小于100mm;顶层楼板厚度不宜小于120mm,宜双层双向配筋;普通地下室顶板厚度不宜小于160mm;作为上部结构嵌固部位的地下室楼层的顶楼盖应采用梁板结构,楼板厚度不宜小于180mm,混凝土强度等级不宜低于C30,应采用双层双向配筋,且每层每个方向的配筋率不宜小于0.25%。

7.4.5　密肋复合墙板设计

墙板高度依结构层高而定,但不应大于4.5m;墙板宽度依房屋开间、进深而定,但不宜大于4.2m,也不宜小于1.2m;不宜采用刀把形墙板。尽量使单块墙板重量控制在30kN以内。

墙板厚度应该由计算荷载、楼板形式及热工性能要求等因素确定。承重墙板厚度按内墙与外墙、横墙与纵墙等可分别取175mm、200mm、225mm、250mm数种尺寸。对于现浇楼板,墙板厚度不宜小于150mm;对于预制楼板,墙板厚度不宜小于200mm。墙板厚度也不宜大于250mm,内墙板当荷载较大时,应适当加大边框柱截面。非承重墙板厚度可取150mm。墙板的框格划分应根据构造及受力计算确定。每块板肋柱间距不宜大于900mm;就肋梁而言,对于一般多层结构,墙板在层高内可分为三个框格,每个框格高度控制在 $700\sim800$mm。

墙板肋梁、肋柱截面尺寸应根据构造及受力计算确定。中间肋梁、肋柱截面高度不宜小于 80mm,边肋梁、边肋柱截面高度不宜小于 100mm,带窗洞墙板顶部肋梁高度一般不小于 150mm。墙板肋梁、肋柱钢筋应根据受力计算确定,但对于多层结构,墙板肋梁、肋柱纵筋一般不应小于 $4\phi6$,箍筋不应小于 $\phi4@200$;墙板纵筋配筋率(肋梁或肋柱全部纵筋截面面积与墙板截面面积的比值)不应小于 $1‰$。肋梁、肋柱钢筋宜采用 HPB300 级钢筋制作,钢筋外伸长度应符合锚固要求,并应钩住边框柱、连接柱或暗梁第二根钢筋。

墙板布置时应按照房屋平面尺寸考虑施工安装的方便,除预留 20mm 的墙板标志缝外,对十字、丁字连接柱,墙板端部应离开连接柱 100mm 以上,以保证连接构造的质量。

墙板框格的划分,除满足受力要求外,尚应符合填充砌块模数,多使用成品砌块,减少现场切割。墙板框格内填充砌块拼接时,严禁有水平通缝出现,如图 7-3所示。

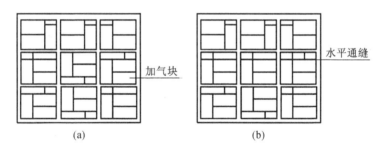

图 7-3　填充砌块拼接

(a)正确拼块;(b)错误拼块

预制墙板时,墙板实际宽度应比标志宽度小 10mm,以方便主体安装;带窗洞墙板中洞口尺寸应比标志尺寸大 5mm,以方便窗户安装。带洞墙板洞口不宜过大,洞口宽度一般应小于墙板总宽度的一半,且不宜大于 2.0m;洞口两侧实墙板宜等宽、对称,如图 7-4 所示。

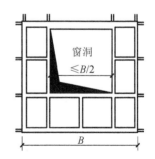

图 7-4　窗洞尺寸限值

7.4.6　多层密肋复合墙体结构连接构造

多层密肋壁板间的水平连接应满足图 7-5 的要求。

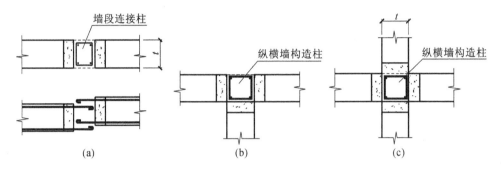

图 7-5　多层密肋壁板间的水平连接

（a）一字形连接；（b）丁字形连接；（c）十字形连接

抗震设计的多层密肋壁板间的竖向连接应满足图 7-6 的要求。非抗震设计的多层密肋壁板间的连接可只满足图 7-6 的要求。

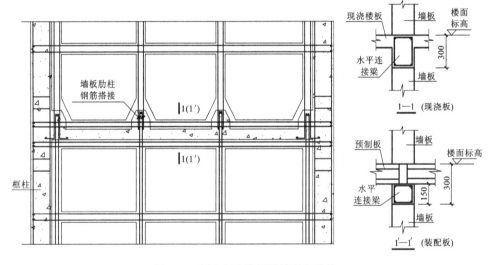

图 7-6　多层密肋壁板间的竖向连接

7.5　高层密肋复合墙体结构设计

7.5.1　房屋适用高度和高宽比

高层密肋复合墙体结构的最大适用高度（层数）和高宽比可较多层结构适当放宽，其结构计算和构造措施应非常严格。高层密肋复合墙体结构房屋的最大适用层数、高度及高宽比应符合表 7-5 及表 7-6 的规定。

表 7-5 高层密肋复合墙体结构房屋的最大适用层数及高度

	非抗震设计	抗震设防烈度		
		6	7	8
层数	18	18	15	12
高度/m	60	60	50	40

注:密肋复合墙体结构若与部分剪力墙或筒体组合,其适用高度可适当增加 10~20m。平面和竖向不规则的结构或Ⅳ类场地上的结构,最大适用高度应适当降低,并严格控制。

表 7-6 高层密肋复合墙体结构房屋适用的最大高宽比

非抗震设计	抗震设防烈度		
	6	7	8
5	5	5	4

7.5.2 结构布置

高层密肋复合墙体结构平面布置宜符合下列要求:①平面宜简单、规则、对称,减小偏心;②平面长度不宜过长,突出部分长度 l 不宜过大(图 7-7),L、l 等值宜满足表 7-7 的要求;③不宜采用角部重叠的平面图形或细腰形平面图形。

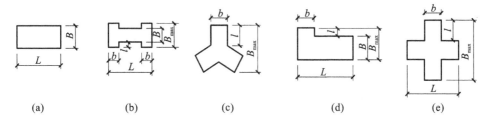

(a)　　　　　(b)　　　　　(c)　　　　　(d)　　　　　(e)

图 7-7 建筑平面

表 7-7 L、l 的限值

抗震设防烈度	L/B	l/B_{max}	l/b
6、7	≤6.0	≤0.35	≤2.0
8	≤5.0	≤0.30	≤1.5

在考虑偶然偏心影响的地震作用下,楼层竖向构件的最大水平位移和层间位移不宜大于该楼层平均值的 1.1 倍,不应大于该楼层平均值的 1.3 倍。结构扭转为主的第一自振周期 T_t 与平动为主的第一自振周期 T_1 之比,不应大于 0.85。偶

然偏心按《高层建筑混凝土结构技术规程》(JGJ 3—2010)第 3.3.3 条计算。

抗震设计的高层密肋复合墙体结构,其楼层侧向刚度不宜小于相邻上部楼层侧向刚度的 70%或其上相邻三层侧向刚度平均值的 80%。楼层层间抗侧力结构的受剪承载力不宜小于其上一层受剪承载力的 80%,不应小于其上一层受剪承载力的 65%。结构竖向抗侧力构件宜上下连续贯通。

抗震设计结构的竖向收进和外挑尺寸的要求,可参照《高层建筑混凝土结构技术规程》(JGJ 3—2010)进行。

对于局部突出的屋顶间,当必须设置时,必须采用上下水平连接带局部加强,同时竖向现浇构件要一通到顶并采取局部增设加强的竖向连接等措施。

高层密肋复合墙体结构应采用现浇楼盖结构。现浇楼盖的混凝土强度等级不应低于 C20,不宜高于 C40。

7.5.3 抗震要求

按弹性方法计算的楼层层间最大位移与层高之比 $\Delta u/h$ 宜符合表 7-8 的规定。

表 7-8　　　　　　　楼层层间最大位移与层高之比的限值

结构类型	$\Delta u/h$ 限值
密肋复合墙体结构	1/800
框支层	1/1000

高层密肋复合墙体结构在罕遇地震作用下宜进行薄弱层弹塑性变形验算,结构薄弱层(部位)层间弹塑性位移应符合下式要求:

$$\Delta u_{\mathrm{p}} \leqslant [\theta_{\mathrm{p}}]h \qquad (7\text{-}6)$$

式中　Δu_{p}——层间弹塑性位移;

　　　$[\theta_{\mathrm{p}}]$——层间弹塑性位移角限值,可按表 7-9 采用;

　　　h——层高。

表 7-9　　　　　　　层间弹塑性位移角限值

结构类别	$[\theta_{\mathrm{p}}]$
密肋复合墙体结构	1/100
框支层	1/120

按 8 度抗震设防烈度设计的高层密肋复合墙体结构,宜进行罕遇地震作用下的弹塑性变形验算。

高层密肋复合墙体结构丙类建筑应符合本地区抗震设防烈度的要求。当建筑场地为Ⅰ类时,除 6 度外,应允许按本地区抗震设防烈度降低一度的要求采取抗震构造措施。高层密肋复合墙体结构的抗震设计应根据设防烈度和房屋高度,采用表 7-10 规定的结构抗震等级,并应符合相应的计算和构造要求。

表 7-10 密肋复合墙体抗震等级

结构类型		抗震设防烈度					
		6		7		8	
密肋复合墙体结构	高度/m	≤40	>40	≤40	>40	≤40	>40
	抗震等级	四	三	三	二	二	一

注:1. 对于四级抗震等级,除本章规定外,均按非抗震设计采用;

　　2. 接近或等于高度分界时,可结合房屋不规则程度及场地、地基条件确定抗震等级;

　　3. 当密肋复合墙体结构为底部大空间时,其抗震等级宜按表中规定适当提高一级。

7.5.4　构件设计与构造

高层密肋复合墙体结构中隐形框架、连接柱等构件的计算与构造除本章有明确规定外,参照《混凝土结构设计规范(2015 年版)》(GB 50010—2010)、《高层建筑混凝土结构技术规程》(JGJ 3—2010)、《建筑抗震设计规范(2016 年版)》(GB 50011—2010)及本章节的相关规定确定。

高层密肋复合墙体结构中墙板框格的划分应根据构造及受力计算确定。墙板在层高内宜分为四个框格,每个框格高度宜控制在 500～600mm。高层密肋复合墙体结构中墙板肋梁、肋柱钢筋应根据受力计算确定,对于高层结构中墙板肋梁纵筋不宜小于 4Φ8,箍筋不小宜于 Φ5@200。抗震设计时,密肋复合墙体肋梁、肋柱纵向钢筋的锚固除满足下列规定外,同时应钩住边框柱、连接柱或暗梁的第二根纵向钢筋。

一、二级抗震等级:

$$l_{aE} = 1.15 l_a \qquad (7-7a)$$

三级抗震等级:

$$l_{aE} = 1.05 l_a \qquad (7-7b)$$

四级抗震等级

$$l_{aE} = 1.0 l_a \qquad (7-7c)$$

式中　l_a——受拉钢筋的锚固长度;

　　　l_{aE}——受拉钢筋抗震锚固长度。

抗震设计时,密肋复合墙体肋梁、肋柱纵向钢筋的搭接接头,对一、二级抗震等级不小于 $1.2 l_a + 5d$(d 为钢筋直径);对三、四级抗震等级不小于 $1.2 l_a$。

高层密肋壁板间的水平连接要求与多层相同。高层密肋壁板间的竖向连接应满足图 7-8 的要求。

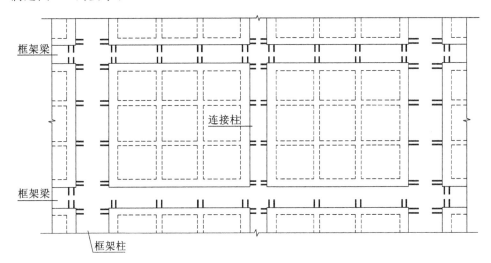

图 7-8　高层密肋壁板间的竖向连接